丛书主编：霞子

万物皆有理
海洋中的物理

李新正　张立　著

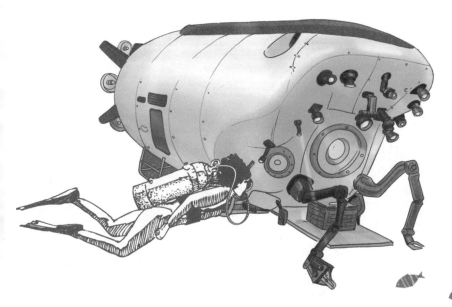

电子工业出版社

Publishing House of Electronics Industry

北京 · BEIJING

图书在版编目（CIP）数据

万物皆有理. 海洋中的物理 / 李新正, 张立著. —北京：电子工业出版社, 2024.1
ISBN 978-7-121-46706-6

Ⅰ. ①万… Ⅱ. ①李… ②张… Ⅲ. ①物理学－少儿读物 Ⅳ. ① O4-49

中国国家版本馆 CIP 数据核字 (2023) 第 223487 号

责任编辑：仝赛赛　吴宏丽　文字编辑：马　杰　常魏巍
印　　刷：河北迅捷佳彩印刷有限公司
装　　订：河北迅捷佳彩印刷有限公司
出版发行：电子工业出版社
　　　　　北京市海淀区万寿路 173 信箱　　邮编：100036
开　　本：720×1000　1/16　　印张：8　字数：153.6 千字
版　　次：2024 年 1 月第 1 版
印　　次：2024 年 1 月第 1 次印刷
定　　价：49.80 元

凡所购买电子工业出版社图书有缺损问题，请向购买书店调换。若书店售缺，请与
本社发行部联系，联系及邮购电话：(010) 88254888，88258888。
质量投诉请发邮件至 zlts@phei.com.cn，盗版侵权举报请发邮件至 dbqq@phei.com.cn。
本书咨询联系方式：(010) 88254510，tongss@phei.com.cn。

品味一场物理学的盛宴

物理，物理，万物之理。

美国物理学家、2004 年诺贝尔物理学奖得主弗兰克·维尔切克说，在物理学中，你不需要刻意到处找难题——自然已经提供得够多了。

物理学，是探索未知事物及其成因的学问，它寻求关于世界的基本原理、事实和定量描述，研究宇宙中一切物质的基本运动形式和规律。它是我们认识世界的基础，是自然科学的带头学科，是 20 世纪科学和技术革命的领头羊。我们的现代文明，几乎没有哪个领域不依赖物理学。

说"世界是建立在物理规律的基础上的"，或许并不夸张。中国科学院院士、理论物理学家于渌曾谈及，20 世纪物理学的两大革命性突破——相对论和量子论，导致了科学技术的革命，造就了信息时代的物质文明。

物理学之重要性毋庸置疑。可提起物理，各类复杂的公式、各种抽象的概念，常常让人望而却步。这似乎又是个很现实的问题：那样"高冷"的物理，难得让学子亲近；走进公众视野，也殊为不易。

好在电子工业出版社精心策划并推出由多位科学家和科普作家携手打造的一套物理启蒙科普读物——"万物皆有理"系列图书，及时化解了这个另类的"物理学难题"。这套书集中展示了物理世界中形形色色的奇妙现象，生动诠释了诸多物理定律和原理的应用与发展，深入探究了物理学的发展与人类文明进步的关系。

这套书呈现给读者的，是在我们周围自然现象中"现身"的活生生的物理，是凸显出人类创新思维和创造智慧的非凡轨迹的物理，是能够引出许多有趣问题的答案并激发人们做出更多思考的物理。

这样的物理，距离我们还远吗？

读"万物皆有理"系列图书，品味一场物理学的盛宴。

是为序。

中国科普作家协会副理事长、科普时报社社长　尹传红

2023 年 10 月 24 日

目录

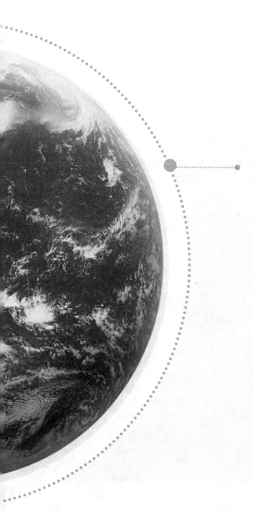

声、光、电磁

091

海洋画像

海洋，以庞然之姿占据着地球的大部分表面，吸引着我们的注意力。她是地球生命的摇篮，她与风做伴，影响着大气；她与陆地拥抱、渗透、汇集、嬉戏，给地球注入活力、与无数生灵共呼吸；她是我们赖以生存的家园，支持着我们的生活和梦想。我们要认识海洋，就像我们必须认识自己一样，她的形象与内在，她的美丽或荒凉之前的演化、蜕变，她的平静或暴怒背后的缘由，还有她那深邃、黑暗、不可测度的本底，都在吸引着我们、召唤着我们……如果你对这一切好奇，就让我们翻开第一页，一起来认识海洋。

从太空看，地球是一颗美丽的蓝色星球，因为它表面积的71%左右被蓝色的海洋所覆盖。地球就像一个大水球，这在太阳系中是独一无二的。

海洋的水量约占地球总水量的97%，是资源的宝库，是地球上生命的摇篮。海洋与人类的生活息息相关：海水的温度和蒸发速度决定着地球的气候；潮汐和洋流影响着船只的航行；许多海洋生物是人类的重要食物；风暴潮、海啸等自然灾害也严重威胁着人类的生活。随着环境恶化、陆地资源短缺等问题的出现，人类对海洋的开发和利用达到了一个新高度。

● 在太空中看到的地球

海洋的总面积约为 3.6 亿平方千米，平均深度约为 3800 米，总体积约为 13.7 亿立方千米，是高于海平面的陆地总体积的 11 倍左右。

地球上的海洋是连通在一起的，但被陆地分隔成了相对独立的几大块，分别是太平洋、大西洋、印度洋和北冰洋，太平洋、大西洋和印度洋的南部靠近南极洲的部分，也经常被称为南大洋。

🦀 马里亚纳海沟

海洋的最深处在马里亚纳海沟，用仪器探测到的马里亚纳海沟的最深水深是 11034 米。2020 年 12 月 8 日，中国和尼泊尔共同宣布位于欧亚大陆中部的喜马拉雅山的最高峰——珠穆朗玛峰，最新测量到的高程约为 8848.86 米。也就是说，如果将珠穆朗玛峰在海平面以上的部分倒放在马里亚纳海沟的水平面上，它的峰顶离海沟沟底还有 2100 多米，可见马里亚纳海沟有多深。

2020 年 11 月 10 日，我国的载人深潜器"奋斗者"号在西太平洋的马里亚纳海沟下潜到了 10909 米的深度，创造了载人深潜器下潜的最深纪录，这是一个了不起的成就，标志着我国的深海考察与探测能力已位居世界前列。

在与陆地相邻的地方，有相对平坦、坡度较小的大陆架。

大陆坡向下延伸至约4000米水深时，就到了海洋的洋底——海盆。海盆十分广阔，既有广阔、平坦的海底平原，又有大量凹凸不平的海底丘陵、海山和大洋中脊。

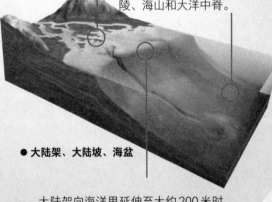

● 大陆架、大陆坡、海盆

大陆架向海洋里延伸至大约200米时，海底的坡度突然变得陡峭，直到海盆。这个陡峭的斜坡就是大陆坡。

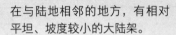 **海洋生物**

地球生命起源于海洋。

海洋就像个巨大的"鱼缸"，里面有无数种生物，大到蓝鲸，小到只有在电子显微镜下才能看到的细菌、病毒等。迄今为止，我们在地球上发现的34个动物门类中，有33个门类的部分或全部物种生活在海洋里。根据2012年100多位海洋生物分类学家的统计，在海洋中生活着约26.2万种动物、植物、真核生物（如真菌），放线菌、蓝藻、细菌等原核生物更是不计其数。

🦀海洋的地貌环境

海中有山吗？有。海山是海盆中相对陡峭的凸起，通常高出洋底 1000 米以上。如果海山很高，其顶端伸出了海平面，就会形成海洋中的海岛。如果大陆架上凸起的部分露出了海面，那么露出海面的部分就是大陆岛，也称为海岛。海底丘陵是海盆中相对平缓的凸起，通常高出海底不超过 1000 米。大洋中脊则是大洋中连绵不断的隆起，沿大洋中脊排列着大量的海底火山或者热液喷口。大洋中脊是海底扩张形成的。我们知道，地球表面被厚度为 1000 千米以上的大气层所包裹，大气层下方就是固态的地壳，海底的地壳称为洋壳。地壳的下方是炽热的地幔。陆地的地壳厚度大约为 17 千米，海底的洋壳厚度只有 6 千米左右，海底的洋壳比陆地的地壳薄得多。洋壳较为薄弱的地方很容易渗出地幔中的岩浆，如果渗出得非常激烈，就会造成海底火山的喷发；如果渗出得较为温和,就会形成海底热液。

海底火山喷发

马里亚纳海沟是西太平洋板块向欧亚大陆板块下方俯冲形成的，是地球上最深的海沟。海沟往往很深，常超过海盆的平均水深 4000 米，因此被称为深渊区，而超过 6000 米的深渊区则被称为超深渊区。

洋壳的下方是炽热的地幔，因此，洋壳板块就像漂浮在黏稠的半固体半液体上面的石板一样，会因为地幔的运动而发生碰撞、挤压。

🦀 大洋中脊

洋壳薄弱的部分常常会连成线，线上排列着一系列的海底火山和热液喷口，喷出的岩浆等内部物质堆积在喷口，就形成了海底的大洋中脊。由于大洋中脊上的火山和热液喷口不断喷发出岩浆等物质，能将两边的洋壳向外侧推，因此，洋壳在不停地发生变动。海底的大洋中脊将洋壳分成了大大小小不同的板块。

🦀 海水为什么会环流

地球自转是形成大洋环流的主要原因。地球在围绕太阳公转的同时，也在不停地自西向东自转，每 24 小时自转一周。由于海水是液体，受惯性的影响，地球在自西向东自转时，地球表面的海水就会自东向西流动。海洋被陆地分隔成相对独立的大洋，随着海水的流动，大洋东部的海水就会变少，西部的海水会变多，因此大洋西部的海水就会在重力的作用下回流到大洋东部，补充东部的海水，这样就形成了大洋环流。

海洋表层有水平方向的环流，不同深度的海水之间也有环流，也就是上升流和下降流。因为陆地的阻隔，环流会改变方向。因此，海洋环流是一个十分复杂的水流系统。通过环流携带到海洋各处的物质有很大不同，这使得不同海区海水的化学性质、生物种类和数量也变得复杂多样。

海洋是变幻莫测的水体，温顺时风平浪静，一旦发起脾气来，就会巨浪滔天，有时也会波及陆地，造成水涝或干旱。

在巨大的地幔运动作用下，有的洋壳板块会被挤到其他洋壳板块或者大陆板块的下方，插到板块下方的地方被称为俯冲带，俯冲带由于下插作用形成了海沟。

自然界的水循环就是由太阳、地表水和大气的相互作用来驱动的。太阳光辐射到海洋和陆地的江河湖泊表面，使水分蒸发到大气中，水蒸气在上述过程中聚合在一起，形成了云。云被大气通过风的形式输送到各处，在大气层不同高度、不同温度的作用下形成雨或雪，降落回地表。其中，降落到地表上的一部分雨水汇流到河里，被河流带到大海中，如此就形成了水循环。

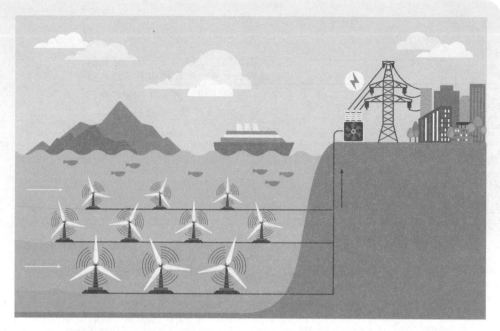

海洋不但给人类提供了大量的海产品，如鱼、虾、贝、藻，而且蕴藏着巨量的矿藏，如食盐、工业用盐、有色金属、石油等。海洋蕴含着巨大的能量，这些能量可以用来发电，如海浪发电、潮汐发电、洋流发电等。对海洋资源的开发是人类发展的必经之路。保护海洋环境，合理开发海洋资源，"关注海洋、认识海洋、经略海洋"，已是我国重要的蓝色海洋发展战略。

我国不但有约 960 万平方千米的陆地国土，还有约 300 万平方千米的管辖海域，也就是蓝色国土。从蓝色国土的面积看，我国是海洋大国，但从人均水平看，我国是非常缺乏海洋资源的。这就使得我们更要保护好海洋资源，更好地利用有限的海洋资源。要做到这一点，就需要我们充分认识和掌握海洋的特点。

相比海水，自然界的淡水非常少，还不到总水量的 3%。最大的淡水资源是两极的冰川，还有一些淡水储存在地下或岩石中，可供人类和动物饮用的淡水还不到淡水资源的 5%。所以，节约用水、保护水源是非常重要的举措。

海水的运动

　　百川归海，潮起潮落。地球上的水千变万化、奔涌流动，如人类的血液系统一样循环往复，它被污染、被融合，也在净化、在生成，它裹挟着能量，象征着生命，永不止息。我们享受着海洋运动带来的福祉：大洋环流促进了全球气候系统的建立，冷暖流交汇孕育了资源丰富的渔场，海潮的涌动带来了丰富的能量……我们也警惕着海洋的暴戾，建立各种监测系统，以预警台风、海啸、风暴潮……只有认识海洋，才能更好地与它和平共处，才能得到它可持续的资源供应和长久的祝福。

是谁给海底带来了氧气

陆地上的高等动物是用肺直接呼吸空气中的氧气的，而除在海水中生活的鲸类、海豚、海豹等海洋哺乳动物仍然用肺呼吸空气中的氧气外，大部分水生动物（海洋动物、淡水动物等）用鳃呼吸溶解在水中的氧气（溶解氧），这是陆地动物与水生动物的最大差别之一。

海水中的溶解氧

海水中的溶解氧是空气在海浪的作用下进入海水中，或者海洋上层的藻类和光合细菌进行光合作用时释放的。无论是哪种方式，溶解氧的产生都是在海洋的表层和上层。在静止的水体中，越接近水面，溶解氧的浓度越高，而水下越深的地方，距离水面越远，水压越大，溶解氧因扩散距离远，其浓度也就越低。同时，水体接触空气的面积越大，溶解到水中的氧就越多，因此，水体如果翻腾，那么水体表面的溶解氧就会被带到水体的深处。

很多家庭都有养观赏鱼的爱好，他们通常会在鱼缸中放一个加氧器，加氧器实际上加的是空气。空气中有约 21% 的成分是氧气，加氧器通过小管子不断地把空气加到鱼缸的底部，大量气泡就会在水中生成，这样不但增加了鱼缸中的水接触空气的面积，也使鱼缸底部的水接触到了空气，从而让鱼缸中的水溶解到了更多的氧气，提高了水中的溶解氧浓度，让鱼缸中的观赏鱼自由、充分地呼吸。

深海也有海洋生物

由于潮汐和风的影响，海洋一直有浪，这就增加了海洋表面接触空气的面积，加上海洋面积巨大，占地球表面积的 71% 左右，因此海洋上层有大量的溶解氧。虽然如此，单靠扩散作用，溶解氧是很难到达海洋的中层和下层的，中下层的海洋动物很可能会因为缺氧而无法生存。这也是水越深，海洋生物的种类和数量就越少的主要原因之一，因而，在相当长的历史时期内，海洋生物学界普遍认为深海是生物的"沙漠"，而英国著名的海洋生物学家爱德华·福布斯在 1839 年更是将海洋 550 米水深以下的部分称为"深海无生命地带"。这一论断曾经"统治"海洋生物学界很多年。那时人们相信，550 米水深以下的深海严重缺氧，没有生物能够存活。

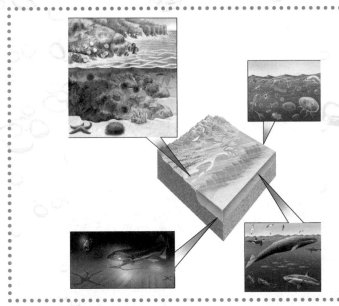

然而，深海中有很多动物，人类通过深海考察已经发现如海绵、珊瑚、铠甲虾、海参、海蛇尾、海百合等大型动物，还有孔虫等小型动物，它们都生活得好好的，并没有因为缺氧而死。

随着科技的发展，人类早已能够进行深海探测，我国的万米载人深潜器"奋斗者"号已到达 10909 米的大海深处，创造了世界纪录。深海考察已经确定，即使在海洋中最深的马里亚纳海沟也是有生物生存的。

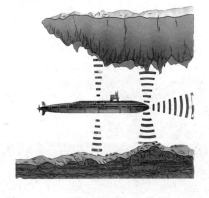

🦀 垂直向的大洋环流

深海那么深，深海里的溶解氧来自哪里？

深海中之所以有充足的溶解氧，是因为有大洋环流，海洋的洋流不但有水平运动形成的大洋环流，也有垂直运动形成的大洋环流。垂直向大洋环流的形成和运动是地球自转、月球和太阳的引力、太阳黑子爆发、大气循环、地震、海底火山爆发、陆地和海岛的阻隔、水团密度变化、海底地貌变迁、海水温度变化等因素造成的，而且大洋环流很有规律，总是沿着固定的流向和路径日夜流动。垂直向的大洋环流与表层流、次表层流等形成严密的洋流网体系，也就是说，一团水有时平流，有时下沉，有时上升，一直在不停地流动着。

全球海洋中，不仅不同地点的海水在不断交换，不同深度、不同层次的海水也在不断交换。事实证明，浅海的海水会被俯冲下沉的洋流带到深海，而深海的海水也会被上升的洋流带到浅海。大海表层的溶解氧就这样被洋流带到了深海。例如，靠近南极的大洋的海水，由于水温低、密度高，会下沉到海底，所以将表层的溶解氧也带到了深海，这些溶解氧甚至有可能到达热带大洋的深海。

深海生物的发现

　　随着人类深海探测技术的提高，对深海的考察活动越来越多，人类在越来越深的海水中采集到了海洋生物。即使在水深达到11000多米的世界上最深的马里亚纳海沟——"挑战者海渊"，人类也发现了深海的巨型底栖生物（长度大于2厘米的底栖生物被称为巨型底栖生物）。

　　人类还在海洋最深处的沉积物中采集到了古菌、细菌等微生物样品。这充分证明，无论多深的海洋中都有生命的存在。深海生物的种类、数量之所以低于浅海，其主要原因并非缺少溶解氧，而是缺少食物。

　　正是由于日夜奔腾不息的洋流，将氧气带到了海洋的各个角落，才使整个海洋充满了生机。关于洋流运动的具体细节，人们所知仍然有限，还需要进一步调查研究。海洋中还有很多秘密，等待着一代又一代的海洋学家们去探索、去研究。

危险的海啸

你能想到的最严重的自然灾害是什么？是火山喷发、陨石撞地球、飓风、地震，还是海啸？

据科学家研究，曾经称霸地球数百万年的恐龙就是因为一颗小行星撞击地球，引发地球大地震，并使地球大气层数年充满尘埃，使植物无法进行有效的光合作用，造成食物短缺，进而灭绝的。但小行星等足够大的陨石撞击地球毕竟是小概率事件，地震和海啸才是人类经常面临的严重的自然灾害。

地震灾害

1960 年 5 月 22 日下午 3 时 11 分，南美洲的智利蒙特港外海底发生了震级 9.5 级的特大地震，这是人类有观测纪录以来规模最大的一次地震。地震造成智利南部和中部大量人员伤亡，房屋倒塌，通信中断。随后，地震引发海啸，将这场旷世灾难推及智利全境。海啸掀起十几米高的水墙，以摧枯拉朽之势吞没了海岸，人类的文明成果在这场浩劫之下不堪一击，凶猛的潮水反复涤荡着废墟般的城市和乡村。以智利蒙特港为中心，太平洋沿岸南北 800 千米的海岸线几乎被海啸洗劫一空，海啸所过之处全被夷为平地。

然而这场灾害并没有就此结束。

超级地震引发的海啸

超级地震引发的海啸就像一个巨大的烈性涟漪，它首先侵袭了最近处的智利，在震中的另一侧，是一望无际的太平洋，海啸像脱缰的野马，急速横扫太平洋，沿路吞没无数岛屿，23 个小时后在大洋彼岸的日本群岛登陆，奔袭 1.7 万千米后仍保持 8 米高的海浪，给日本沿岸造成了巨大破坏。据统计，这次海啸影响了太平洋沿岸十余个国家，造成近万人死亡，数十万座房屋倒塌，数百万人流离失所，经济损失不可计数。

海啸是如何形成的

为什么地震能引发海啸？为什么海啸能传递得如此远，且还能保持惊人的能量？

我们先来了解一下海啸是如何形成的。

智利海啸是典型的下降型海啸，海底地震导致海底突然下陷，使大量海水向刚刚产生的海坑中心涌去，海水触底受阻后向海面返回，产生压缩波，形成长波大浪。1983 年的日本海啸则是隆起型海啸，地震造成的地层隆起抬高了其上的海水，海水急速向四周倾泻，翻起巨浪，从而形成巨大的海啸。这些长波大浪以震源为中心向外辐射，如同投石入水产生的涟漪向外扩散，但这涟漪并不温柔，反而剧烈又沉重。与风引发的表层浪不同，由于海啸动力源在海底，所以海啸动力源产生的波动是从海底到海面整个水层的垂直波动，相邻的两个浪头之间的距离甚至可以达到 500 ~ 650 千米之远。

当海底发生地震时，震源处的地层会发生断裂，海底迅速隆起或者塌陷，造成其上的海水产生剧烈上升或下沉的现象，从而形成剧烈的垂直波动。

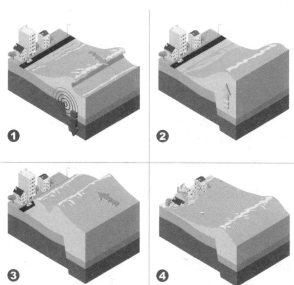

海底地震引发的灾害类型

怎样判断海底地震引发了地层的下陷还是隆起呢？其实不需要太复杂的观测，只要了解海啸来临前海岸的变化就可以做出判断。海啸来临前，如果海水异常退潮，说明震源处发生了下陷，是下降型海啸。在智利海啸到达前，海岸就突然出现了异常退潮，把平时即使退大潮时也看不到的近

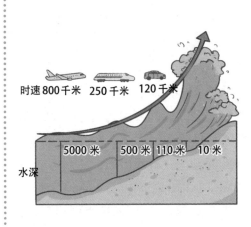

海啸以我们难以想象的速度向外推进，有多快呢？轿车在高速公路上以120千米每小时的速度行驶，我们就感觉很快了；高铁的时速可达到250～350千米，简直是风驰电掣；而民航客机通常的巡航速度是800～1000千米。据测算，智利海啸的行进速度达到了600～700千米，接近大型民航客机的速度，并且，海啸一直以这样的速度行进了20多个小时，直到大洋的彼岸。需要指出的是，海啸的最高浪并不出现在海上，而是岸边。如左图所示，海啸波从深水区来到近岸浅水区时，海水变浅，所以阻力变大，这会导致海啸波速度骤降，后面高速的海水推挤、叠加，便会掀起携带巨大能量的高浪，直扑陆地。

图中标注：时速800千米　250千米　120千米

水深　5000米　500米　110米　10米

岸海底都显露出来了，虾、蟹、鱼儿在沙底挣扎跳跃，十几分钟后，海面骤然升高，高高的水墙突然直扑海岸。而1983年的日本海啸到来前则发生了海水异常涨潮，海水迅速上涨，这时海水虽然很急，但浪并不高，真正的海啸还没有到来，几分钟后第一波巨浪倏忽而至，到达海岸时已推起十几米的浪高，这是隆起型海啸，异常涨潮是这类海啸的前兆。

关于智利海啸对太平洋左右岸的不同影响，科学家们根据受灾地区的远近将其分为本地海啸和遥海啸。顾名思义，离震源近的称为本地海啸，也称为局地海啸，海啸波抵达海岸的时间较短，少则几分钟，多则几十分钟，留给当地的预警时间非常短，而且海啸的强度很大，因而会造成极为严重的灾害。远渡太平洋到达日本等沿岸的巨波，则被称为遥海啸，也被称为越洋海啸，越洋海啸并不一定非要"越洋"，只要是从遥远的洋面传递过来的都可以归于此类。遥海啸在远征途中消耗了一定的能量，最终登陆地的海啸强度会比原发地海啸弱一些。

从历史数据可以看出，海啸大多是由海底地震引发的，除此之外，海底崩塌、滑坡、火山爆发也能引起海啸。目前，大多数沿海国家都建立了海啸预警系统，很多国家不断提高地震多发区建筑的防震等级，对民众进行海啸逃生知识的宣传和演习，这对减少海啸带来的人员伤亡和财产损失都起到了很重要的作用。1960年，引发智利海啸的震级为9.5级，智利一线死亡人数约为5000人；2011年，引发日本海啸的大地震震级为9.0

级，死亡和失踪人数近 20000 人，这两个国家都处于环太平洋地震带，不时造访的地震和海啸使当地政府和人民对海啸的认知和准备都很充分。但在 2004 年，印尼的印度洋海啸（地震震级为 9.3 级）中死亡和失踪的人数高达 26 万，为何相似震级的地震造成的死亡人数差距如此之大？一方面，印尼海岸是北半球的冬季度假胜地，海滨上人员密集，同时这次海啸与海岸形成了夹角，使海啸的能量集中冲击了海岸，滨海平缓的地势也使得海啸一马平川，毫无阻碍地深入内陆。另一方面，地震发生后，海啸来临前，当地只有地震预警而无海啸预警，人们对海啸的来临全然不知，而滞留海边也是这次人员死伤惨重的重要原因，要知道，地震发生后，海啸来临前的几分钟或十几分钟是逃生的最佳时机。

如果遇到海啸，怎样才能有效逃生呢？

1. 首先要关注当地发布的各种气象预报和预警信息，如果听到地震或海啸预警，要尽快寻找安全、坚固的处所。应对海啸的最佳位置是安全的高处，比如山峰，如果时间来不及，就找距离最近的坚固的高楼，尽量爬到高处。

2. 如果你身处海边，感觉到地面强烈震动，一定要尽快离开海边。地震是海啸发生的最早信号，趁着地震与海啸到达的时间差，赶紧离开海岸或者低处是第一要务。

3. 海岸如果出现异常涨潮和退潮，而且涨退的速度明显比正常的潮汐快，也是海啸来临的征兆，要果断迅速离开，千万不要贪恋海滩上跳动的鱼虾，以免贻误最佳逃生时机。

4. 如果海啸来临时你正在船上，千万不要急着回港或靠岸，海啸从深海区推进到近岸浅海区时，由于海水深度变浅，波高会突然增大，因此船在岸边被倾覆的可能性远大于远离岸边的海域，应该马上驶向深水区，深水区相对海岸更安全。

关于海啸的知识你了解了吗？可以讲给更多的人听哦。

━━━《《知识小卡片

海啸 海上强洪水或巨浪导致的海水急剧前进或后退的现象。海啸起源于海底地形的突然滑动、垂直错位、水下崩坍和水下火山爆发等，海底地震是引发海啸的主要原因。海啸的典型特征是在海岸形成滔天巨浪，据记载，有的海啸浪高达到了海平面之上 85 米。

听说过方波与疯狗浪吗

在法国西海岸的度假胜地雷岛上，幸运的话，会看到一种奇特的海波。这种海波看起来像是在大海上画下的整齐的棋盘格，我们叫它方波，也叫十字波。方波其实是由两个方向近乎垂直的海浪汇流、碰撞而成的，如果沿着两

个方向的海波分别回溯，就会发现左右两侧很远处的海区分别刮着两种不同方向的风，形成了不同方向的海浪。两波海浪在两片水域的交接处相遇，因为方向几乎是垂直的，所以就形成了互相交叉的方波。

危险的方波

方波看起来很奇特，但其实是很危险的，特别是在风大浪急的海上。要知道，现代船舶设计大多针对来自一个方向的海浪，而方波是左右夹击，使船只剧烈颠簸受力，经常会使船员防不胜防，垂直相交的海浪叠加的力量像大摆锤一样，可以轻易地将船只碾碎或掀翻。即使是看起来已经很弱的方波，我们也不要试图接近，特别是在海中游泳和冲浪的人。因为方波常常伴着强潮汐，一旦进入它的领地，那些看起来无害的方波就会变成左右撕扯的力量，让人很难摆脱。正确的做法是，看到海上出现方形的波浪，立即远远避开，不要靠近去贪赏奇景，更不要涉足其中。

海浪的运动形式

当你站在海滩上，看着一波一波涌来的波涛，会不会有这种错觉：仿佛海水形成的波浪是从遥远的地方奔袭而来，又在岸边破碎、消失。

海水真的会经久不息地做远距离迁移运动吗？

让我们来做一个小实验，将一个充气的玩具小鱼放在涌浪的水波中，小鱼会随着浪"游"到岸边吗？我们看到小鱼确实在跟着浪游动，但它总

是到达波峰处又退回去。多观察一段时间，我们会发现，小鱼总是在两个波浪间兜兜转转，前后做半圆轨迹的运动，好像粘在一个地方打晃儿似的。

向上前运动　向下前运动　向下后运动

向上后运动

● 海浪的运动形式

　　这个实验反映了海浪的运动形式：海浪并没有将海水远距离地搬运出去，而是让海水在两个波之间做圆周轨迹运动。如果难以理解，可以想象一下风吹麦浪的情形，麦子有没有随着"麦浪"移动呢？有，但只是在原地随风摆动而已。

浪基面

　　海水怎么只在小范围内运动呢？我们明明经常看到一些东西被海水带着走，比如，停在海边的帆船，如果没有固定好，很快就会被海水带走。在有大浪时，游泳的人会被拍回岸上。其实，对于帆船来说，最大的动力来自风，你觉得它是被海水带走的，其实是被风吹走的。大浪涉及水波的波长，即两个浪头之间的距离，很多大浪的波长是很惊人的，你看到十几米外在海中游泳的人被拍回岸边，说明这波大浪的波长大于你看到的长度。有些巨浪如海啸的波长可达几百米，甚至上千米，所有在海啸波长范围内的物体，都有可能从一个浪峰被快速送到百米外的另一个浪峰，然后快速被退回，很多船只、滨海设施、房屋都承受不住这种力量的撕扯，更不要说人了，海啸的破坏力就在于此。

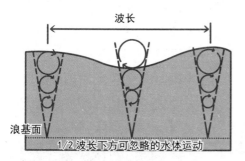

波长

浪基面

1/2 波长下方可忽略的水体运动

● 物体在海面和海面下的运动轨迹

　　如果漂浮在海面上，人很容易晕，这是因为海面有波浪，人被摇来摇去，晕晕了。但人一旦潜入水中，在水下几米深处，就感觉不到海浪的摇晃，也就不晕了，这是因为海面几米以下是浪基面下方，没有波浪。

研究表明，海洋会通过海浪的形式把能量传递到很远的地方，甚至跨越大洋，但海水本身并不会被波浪运动带出太远，传递的只是波形和波所带的能量，海水的远距离运动主要靠洋流，而非波浪。就像海啸，它的波长再长也是有限度的，海水在这个限度内往复运动，但海啸引发的波却可以传递到万米开外的海域。海水在做圆周轨迹运动的同时传递了能量，而海水本身大致停留在原来的位置。水越深，海水运动的圆周轨迹越小，最后在一定深度消失，这个深度被称为"浪基面"。浪基面以下的区域就不再受表层的波浪影响了。

🌿 海浪的混合干涉模式

当然，海水并不总是沿着一个方向波动，不同的风暴形成的海浪相遇时，会相互干扰。两个或者更多的海浪碰撞时，有些海浪方向是一致的，它们的力量会叠加，海浪会变得更高，这就是海浪的相长干涉模式；有的海浪方向相反，力量相抵，相撞后海浪会消失或降低，这就是海浪的相消干涉模式。

我们在海边最常见到的海浪是平行于海岸的，这说明风在朝着一个方向吹，海浪看起来很均匀，一波接着一波，偶尔有一波忽然高出来，这是由于海浪的相长干涉，也就是两个同向的海浪叠加造成的。同向的一个以上的海浪叠加为一个海浪后其浪高会变大或变小，而不同方向的一个以上的海浪相遇会形成各种各样的海浪。比如，近于垂直方向的两个海浪相遇会形成方波，方波的每个方形的每条边的波高和运动方向会随着相遇的两个波浪原来的浪高和速度的大小、强度的不同而不断变化，因此在方波处的物体和人员会有危险。

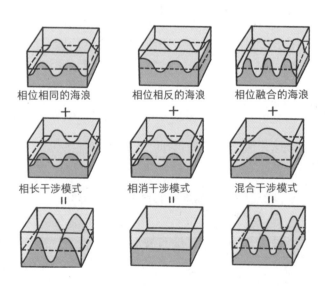

相位相同的海浪　　相位相反的海浪　　相位融合的海浪
　　　+　　　　　　　　+　　　　　　　　+
相长干涉模式　　　相消干涉模式　　　混合干涉模式
　　　=　　　　　　　　=　　　　　　　　=

方波虽然危险，但它出现的时间通常很短，只有几分钟，它是海浪干涉模式中比较复杂的一种，是相长和相消之外的一种模式，我们叫它混合干涉模式，而且对于装有现代探测设施的船只来说，它也是比较容易被发现的，可以提前被探知。

🐾 疯狗浪

有一种海浪是迄今为止都很难被预测的，每年都有相当数量的船只被它"吞噬"、损毁，它是海浪相长干涉模式的极致，称为"疯狗浪"，也叫"杀人浪"。

疯狗浪不是海啸，海啸的规模、前进方向都是可以推算的，疯狗浪却是单独发生的，常在大风天气中出现。在平均2米高的海浪中，突然爆发高达20米的超级巨浪，这就是疯狗浪。疯狗浪通常是由许多不同的海浪相叠加而形成的；强洋流与大浪相遇时也会形成疯狗浪。疯狗浪很难被预测，仿佛是随机形成的，但它产生的浪高却不逊于海啸的浪高，有时候甚至能超过强海啸。我们知道，在智利海啸中，海啸的最高浪达到了23米，而疯狗浪可以超过30米。这样高的海浪可以轻易掀翻或者压沉船只，即使是超大型油轮或者集装箱货轮也很难在疯狗浪的撞击下全身而退，全球每年都有超过1000艘船只在海上失踪，其中很大一部分是疯狗浪惹下的祸。

● 疯狗浪的形成及其对船只的影响

海滩隐形杀手
——离岸流

　　炎炎夏日，美丽宜人的海滩是很多人度假游玩的首选之地。游泳爱好者们往往会在离岸稍远的地方游玩，充分享受运动的快意和海水的凉爽，不会游泳的人也乐于穿行在浅水中踩踏浪花，感受脚下海水流过的惬意。但你知道吗？看似平缓柔和的海滨并不总是安全之地，每年都有许多人魂断于此，其中最大的杀手不是凶残的鲨鱼，不是福尔摩斯笔下的狮鬃水母，而是隐藏在海水中的离岸流。

大海浪来临

　　韩国海云台浴场海滩宽阔、坡缓水浅、潮水变化小，每年夏天都会吸引大量前来避暑的游客。

　　2012年8月4日上午10点45分左右，海滩上的人们正在享受酷暑中海风带来的清凉，突然，一股巨大的海浪将第五到第七瞭望台之间的游客席卷入海，这些游客本来只是站在浅水之中，大多不会游泳，霎时间，他们的呼喊声、求救声充斥了整片海岸。

　　人们并没有搞清楚这股突如其来的水流产生的具体原因，警方推测是海面下扭曲、不规则的陆坡造成了如此巨大的水流。

离岸流

这种极其危险的水流叫作离岸流。离岸流又叫作断潮海流、回卷流、裂流，指的是从海岸边流回海中的一种狭窄而强劲的水流。离岸流与海滩垂直，宽度一般不超过 10 米，长度一般在 30 ~ 50 米，有的长达700 ~ 800 米。这种水流虽然不长，但速度很快，流速可高达 2 米每秒，每股的持续时间为两三分钟，甚至更长。离岸流可以把游泳者从岸边带至深水区，相关数据显示，大约 90% 的海边溺水是由离岸流导致的。与巨大的风浪不同，离岸流不太容易引起人们的注意，往往会在人们毫无防备的情况下出现，等到人身处其中才会感受到，这也使它成为海滩上最危险的"隐形杀手"。

离岸流的形成

当海上有强风时，风会把海水吹向海岸。这时，平静的海水就会形成海浪，并从外海拍向海岸。当海水在海岸边冲向海岸高处并不断积聚后，由于重力的作用，就会渐渐形成一股离开海岸冲向大海的回流。回流的海浪往往速度很慢，海浪从垂直于海岸的方向冲到岸边最高点，其冲力到最后消减到几乎为零时，这股海水会处于短暂的静止状态，这时这股海水高于大海的海平面，类似一个缺了外边的蓄水池，然后这股海水会在重力的作用下加速流回大海。

然而，有时候退回的海水力量太大，会把沙丘的某些地方冲破，这就像一个蓄满水的浴缸突然破了一个洞，在水池中积聚的水一旦找到了出口，就会沿着这个出口急速冲入海中，由于大量的海水突然通过一个狭窄的水道回流，这股水流就会非常湍急，冲击力量自然就很大。

所以在海边游玩的人们一旦遭遇了离岸流，就会被水流卷着迅速冲向外海的深水区。由于水流太急、太猛，人们凭借自己的体力无法躲避，更无法逆流返回海滩。

如何保护自身安全

离岸流的发生与地形、潮汐、海浪等密切相关，有横向沙坝、沟槽等不规则地形的砂质海滩是离岸流发生频率较高的区域，海滨浴场、岬角附近都是离岸流多发地带。那么我们在这些海滩游玩时应该如何保证自身安全呢？

避开危险海域

游泳时应该尽量避开有离岸流的海滩和海域。在下水前，要注意海水浴场的警示牌，留意观察海滨浴场的地形地貌，因为缺口处是离岸流的多发区，如果看到海边有断潮或深色的垂直于岸边的条状地带，抑或是狭窄而浑浊的条状水流，就需要立即避开这些地方。

找准方向游出

即使我们认真观察了环境，离岸流有时仍会在毫无征兆的情况下突然出现，如果遇到了突如其来的离岸流，我们该如何自救呢？

当意识到自己处于强劲的离岸流中时，首先要保持镇定，不要惊慌，不要选择与大自然对抗。离岸流的力量太强大了，它的流速远高于我们游泳的速度，想依靠自己的力量逆流而上并游回海岸基本是不可能做到的，同时还会消耗体力，慌乱中可能会因抽筋或体力不足而溺水，从而使自己的处境更加危险。这时候，我们应该努力沿着平行于海岸的方向朝一侧游出。若无法从一侧游出，我们可以吸足气、放松四肢，让自己漂浮在水面上，

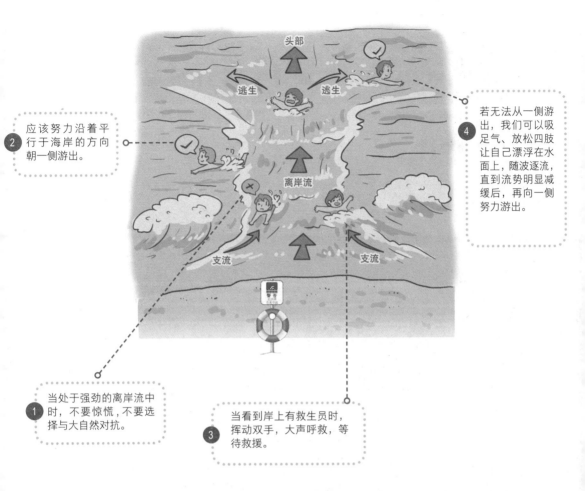

2 应该努力沿着平行于海岸的方向朝一侧游出。

4 若无法从一侧游出，我们可以吸足气、放松四肢让自己漂浮在水面上，随波逐流，直到流势明显减缓后，再向一侧努力游出。

1 当处于强劲的离岸流中时，不要惊慌，不要选择与大自然对抗。

3 当看到岸上有救生员时，挥动双手，大声呼救，等待救援。

随波逐流，直到流势明显减缓后，再向一侧努力游出。我们还可以留足力气，当看到岸上有救生员时，挥动双手，大声呼救，等待救援。

究竟是横向游出还是顺向漂流？目前，国际上很多离岸流的研究者和救援专家更倾向于后者，因为与人力相比，离岸流的力量实在太强大了，即使身强力壮的成年人也很难保证在激流中转向并安全游出离岸流的控制范围。所以遇到离岸流后最重要的是保持冷静，保存体力，顺向漂流，等流速变缓后积极争取救援。从上图也可以看出，离岸流的运动轨迹基本是一个圆弧，即从岸边垂直流向海中然后向左右分流，接着又回到岸边。所以只要保持放松，顺向漂流，大概率会被水流送回岸边。

逆流而上的钱塘江大潮

　　钱塘江大潮，自古以来被称为天下奇观。古往今来，文人墨客都以观潮赋诗为乐事，留下佳篇无数。宋代诗人苏轼这样形容钱塘江大潮："八月十八潮，壮观天下无。"毛泽东在《七绝·观潮》中说："千里波涛滚滚来，雪花飞向钓鱼台。人山纷赞阵容阔，铁马从容杀敌回。"这些词句道尽了钱塘江大潮波澜壮阔的气势。钱塘江观潮在我国有两千多年的历史。如今，每逢中秋佳节，世界各地的游客依然蜂拥而至，齐聚浙江，争先恐后地一睹钱塘江大潮的风采。

　　钱塘江大潮发生于钱塘江入东海的海口，自古"江河入海不复回"，而钱塘江观潮看的则是浩瀚的东海对钱塘江的逆袭。海水借着潮汐之力向河口回潮，潮头卷起的海浪汹涌澎湃，逆流而上，冲入钱塘江。其实，每条江河的入海口都存在潮汐引起的海水逆流现象，那为什么钱塘江大潮能成为奇观呢？这要从潮汐现象和钱塘江入海口的特殊地貌讲起。

潮汐

　　先来了解一下潮汐。

　　由于月球和太阳的引力作用及地球的自转，海平面每天都有涨有落，具体到某地海边的海水，便会有涨（涨潮）有退（退潮），这就是潮汐现象。由于月球和太阳与地球的相对位置在发生周期性的变化，引力也发生周期性变化，因此，涨潮退潮的幅度也在发生周期性变化。由于月球离地球的距离比太阳离地球的距离近得多，因此月球对潮汐变化的影响更大，所以涨潮退潮的幅度是以农历的月为周期发生变化的。

取地球的截面我们会发现，在引潮力和海水随着地球自转产生的离心力的拉扯之下，球形的地球变成了椭球形，随着日、月、地相对位置的周期性变化，这个椭球形也发生了周期性变化，当地、月、日位于同一直线上时，这个椭球形最扁，海水的潮高变化也最大。海水是流体，由于惯性的作用，引潮力最大时海水的涨落幅度并不是马上达到最大值，也就是大潮期并不在农历每个月的初一和十五出现，而是延后2～3天，即在农历每个月的初三和十八出现。因此，农历每个月的初三和十八都可以看到钱塘江大潮的壮观景象。这也是钱塘江大潮出现在农历的八月十八日，而不是八月十五日的原因。

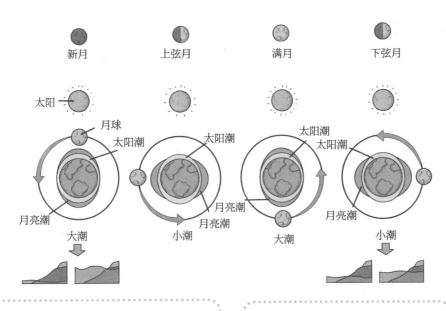

农历每个月的初一和十五，太阳、地球、月球大致在一条直线上，太阳和月球分别在地球的同一侧或者两侧，月球和太阳的引力会叠加，会使潮涨得最高，退潮退得最低，这就是大潮。

在初一和十五中间的日期，通常是初八和廿三前后，由于太阳、地球、月球三者呈直角，引力几乎没有叠加，涨潮和退潮的幅度最小，这就是小潮。

古人早已发现海洋潮汐与月亮的盈亏有关，北宋年间的进士余靖更是详细计算并描述了潮汐的规律。他通过对东海、南海的长期考察、记录，最终确定了海水的周期性升降与月亮盈亏之间的关系，并将这个关系记入他的《海潮图序》中："潮之涨退，海非增减，盖月之所临，则水往从之。"他提出了潮汐间隔是每日向后推迟"三刻有奇"，这与万有引力发现后人们对潮汐的推算结果是一致的，但比后者早了几百年。今天，我们可以很容易地从网上查到各地的潮汐时间表，算出潮水涨落一次的周期是12小时25分，一日大约两次，共24小时50分，所以潮汐涨落的时间每天都要推后50分钟，近似于"三刻有奇"。

🌊 钱塘江大潮的观赏地

钱塘江入海口西临两朝古都杭州，这里南北两岸人口众多，自古以来就是繁华之地，无数文人墨客为钱塘江大潮留下了许多脍炙人口的千古佳作，这也使得钱塘江观潮成为一年一期的人文与自然胜景。翻开观潮攻略可以发现，在钱塘江入海口附近有很多适合观潮的景点，其中浙江省海宁市盐官镇因其特殊地形造成了特大潮涌，被认为是最佳观潮胜地。人们可以在不同的地段观赏不同的潮景，例如，可以先在丁桥镇大缺口看交叉潮，然后赶到盐官镇听潮声、观一线潮，最后回到老盐仓拦河丁坝赏回头潮和冲天潮。

● 交叉潮

● 一线潮

● 回头潮

● 冲天潮

🐚 钱塘江大潮的最佳观赏期

由前面了解的潮汐规律可知，农历每个月的初三和十八都可以看到钱塘江大潮，那为什么每年的八月十八日在钱塘江观潮的人最多呢？其实这跟多个因素有关。通常情况下，虽然夏季已过，但秋季的钱塘江上游来水依然很大，水量充沛的情况下，潮高较大，景观更盛；八月十五中秋节是中国人团圆的节日，在此期间，家人团圆、走亲访友是中国的传统，亲友聚在一起观潮更有节日的喜庆气氛；再者，通常在八月十五过后，农活已基本忙完，大家的空闲时间较多，恰逢秋高气爽，也是一年中气候最好和风景最美的时候，人们更愿意在这个时间出行。于是，八月十八观潮就逐渐成了传统。

值得注意的是，如果想一睹钱塘江大潮的宏伟壮美，一定要提前做好安全观潮的准备。每年中秋节前后都有无数游客前去一睹这"天下第一潮"的风采，但也总有人在观潮中发生意外。小朋友们一定要在家长的陪同下，在有护栏的江堤观潮，千万不要穿越护栏、隔离带，也不要在江滩、丁字坝上观潮，更不要下堤钓鱼、游泳、洗澡！不要去往标有"危险区域"的地段，要听从警察和现场管理人员的指挥。潮水来时不要拥挤、哄闹，文明观潮，让自己也成为这盛景中美好的一景。

钱塘江大潮的成因

观景之余，让我们来了解一下钱塘江大潮的成因。

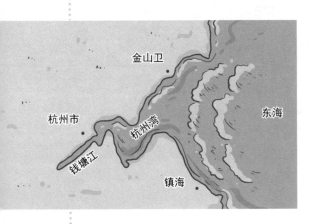

● 喇叭形入海口

首先来看看钱塘江入海口的地形地貌。钱塘江的入海口是杭州湾，杭州湾状似喇叭，其外口宽约 100 千米，向陆地一侧迅速收缩，而杭州湾的最内端正好是钱塘江的入海口，这就使得杭州湾的海水在退潮时可以很容易地迅速退去，而涨潮时，大量潮水从宽阔的外口涌进杭州湾内，杭州湾内迅速变窄的水道使潮水受到南北两岸的阻挡，潮水来不及均匀上升，就只好后浪推前浪，在岸边掀起滔天巨浪，形成钱塘奇观。

● 海口沙坝

其次来看看钱塘江入海口的江底地形。钱塘江靠近江口的河床突然升高，滩高水浅，江底有很多沉沙，加大了对潮水的阻挡和摩擦作用，使得潮水前浪速度陡然降低，后浪拍击前浪，就形成了一浪叠一浪的景象。有了入海口的喇叭形状和江底的沙坝地形，涨潮时大量潮水在突然变窄和抬升的水道中积聚了大量的推力，随着潮水发泄到海岸和河岸上，激起高达数米甚至数十米的滔天巨浪，蔚为壮观。

亚马逊河和恒河的大潮

世界上与钱塘江入海口地貌相似的还有巴西的亚马逊河和印度的恒河，它们的入海口也是喇叭形的，河口近海岸处都有巨大的拦门沙坝。

与钱塘江大潮十分相似，来势凶猛的潮头撞上墙似的沙坝便一跃而起，掀起数十米高的巨浪，形成层层叠叠、波澜壮阔的大潮涌。相比之下，三条大河中亚马逊河的水量最大，涨潮时潮涌的时速、波高都是最大的，只可惜亚马逊河入海口位于人迹罕至的热带雨林中，除了少数冲浪爱好者、摄影和探险爱好者，鲜有人能目睹它的壮观之美。恒河河口倒是位于人口密集地区，但因为日益加重的河水污染，大大降低了潮涌的观赏价值。

知识小卡片

引力 在粒子物理学中所认定的物质之间的 4 种基本相互作用之一，即引力相互作用，简称引力，是自然界中最普遍的力，指的是任意两个物体或两个粒子间的与其质量乘积相关的吸引力。万有引力定律认为任何物体之间都有相互吸引力，这个力的大小与各个物体的质量成正比，与它们之间的距离的平方成反比。

惯性 一种抵抗物体运动状态被改变的性质，它存在于每个物体当中，大小与该物体的质量成正比。

潮汐 一种海洋运动现象，指海洋中每天发生的周期性的海平面上升和下降的运动。这一运动使得海洋的边缘每天缓慢地向陆地和海洋移动。潮汐是由月球与地球、太阳与地球之间的引力引起的。

形形色色的海浪

自古以来，人们对水的看法都是复杂的。道家认为"水无形而有万形"，《孙子兵法》中也有"兵无常势，水无常形"的字句，这是古人对水最朴素的看法。水是没有形状的，盛水的器皿决定着它的形状，就像山谷决定了其间湖泊的形状，河岸的高低起伏决定了河流的流向和形状。同时，随着外部条件的变化，水也时时处于变化之中。在平原上，河流通常是平缓的，遇到山时它会绕行，遇到缺口时它会变成急流、掀起浪花，遇到转弯时它会冲击迎向它的堤岸……

水波是如何形成的

水的形状之所以变幻莫测，是因为水是流体，会在地球引力的作用下由高处向低处、由压力大处向压力小处流动，而流动又受到容器、河岸（湖岸和海岸）形状、地势等多种因素的影响，使得水的运动看上去不可捉摸，而水的运动必然会形成形形色色的水波。

让我们先来做几个小实验，观察一下水波是如何形成的。

上面的实验虽然简单，但却告诉我们一个道理：水的这些变化都是以

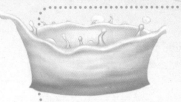

向一片平静的湖面投下一枚石子，石子会激起水花，向四周辐射出一圈圈涟漪。这些涟漪不断向外推动，一直延伸到很远的地方才逐渐消失。仔细观察，你会发现，越是平静的水面，这些波传递得越远。

用一把扇子用力扇湖边的水面，水面会被扇起波纹，与投石引发的向外辐射的圆形波纹不同，扇子扇出的波纹的传播方向总是与风向一致，而且扇动的时间越长，水波传递得越远。

用一根树枝伸入水中来回搅动，水面也会产生波纹，这时的波纹会随着树枝搅动的方向而变化，当树枝向一个方向搅动时，波纹在树枝入水的两侧产生，就像船在水中行驶一样，在后面拖出一道长长的波纹。将树枝往回拉时，先前的波纹就会被搅乱，直到无波处才会重新形成完整的波纹。

向湖中撒下一把鱼食，不久后，成群的鱼会从各处游来，在水面激起一道道波纹，当它们抢食时还会翻出更大的水花。

波的形式表现出来的，而这些波都是由扰动引发的。无论是投入水中的石子、扇子扇的风、树枝在水中的搅动，还是鱼儿的游动，都是对水做出的扰动，这些扰动向水施加了力或者动能，水就将这些力和动能以波的形式向远处传递出去。

风浪的形成

对海洋来说，大部分表层的水波都是由风的扰动产生的，我们把它称为风生浪或者风浪。

要弄清风浪的成因，先来了解两个名词：动能和重力势能。

物体由于运动而具有的能量称为物体的动能。物体由于被举高而具有的使得物体向下方运动的能量称为重力势能。

在风浪形成的过程中，风吹动海面，推动海水运动，引起海水的起伏变化，就是将风的动能转化为水的动能的过程。水将动能以波动的形式传播出去，就是海浪。动能是可以计算的，它的大小是物体质量与速度平方乘积的二分之一。所以物体的质量越大、速度越快，动能就越大。在宽广的海面，如果吹在其上的风速度大、风向稳定、持续的时间长，那累积的动能势必很大，海浪也必定很大。

同时，海浪的起伏又产生了波峰和波谷，两者间的高差产生了重力势能。重力势能的大小也是可以计算的，由物体的质量和高度所决定，也就是说，海浪的波峰越高，掀起的海浪越大，产生的重力势能就越大。有时一个高浪拍下来，可以将船只掀翻甚至拍碎。

🌊 风浪的等级

总的来说，风浪大小通常是由风力大小和持续时间决定的。我们常在天气预报中听到大风预警播报，孩子们也早早就会背十二级风歌谣：零级烟柱直冲天……六级举伞步行艰……十一二级陆少见。但少有人关注海浪的分级，即使知道，也没有明确的概念。其实海浪是根据波高大小来分级的，通常分为 10 个等级。

> 0 级：无浪，海面水平如镜；
> 1 ~ 5 级：分别称为微波、小波、小浪、轻浪、中浪，波高 0.1 ~ 2 米；
> 6 级：大浪，波高 3 ~ 4 米；
> 7 级：巨浪，波高 4 ~ 5.5 米；
> 8 级：狂浪，波高 5.5 ~ 7.5 米；
> 9 级：狂涛，波高 7 ~ 10 米；
> 其他：浪高超过 20 米的称为暴涛，是非常罕见的，因而未被正式定级。

海浪的等级通常与风力的等级相对应，风力等级越高，海浪的波高也越大，对海上作业和海岸造成的影响也越大。在大风天气，渔民会将船只停靠在避风的码头或者锚泊地，加固锚链和船上设施，以免船只被海浪损坏或者吹走。巨大的海浪也会对海上和海岸设施带来毁灭性的破坏，一些海上钻井平台会因巨大的海浪而移位或者倾覆，更大的海浪会对滨海设施造成损毁。

每年全球都有大量的船只在海上失事，其中有一些甚至是体积庞大的集装箱货轮或油轮。即使现在的天气预报系统越来越完善，在长期的远洋航行中，也难以避免地会遇到一些突发的灾害性天气。一旦遭遇飓风和风暴潮，这些庞然大物就难以躲过巨大的风浪袭击，很难在海洋的暴虐中全身而退。

🔥 无风之浪

当然，广义上的海浪可不单指风浪，还有涌浪、海底地震、火山爆发、塌陷滑坡、大气压力变化和海水密度分布不均等外力和内力作用下形成的海啸、风暴潮及海洋内波等。它们都会引起海水的巨大波动，这才是真正意义上的"无风之浪"。

我们在海滩游玩时会发现，尽管没有风，海边却有一波波的波浪涌来，这些波浪看起来整齐又平缓，波面平滑，波线很长，少有浪花，这就是涌浪，涌浪是天体引力和地球自转作用下形成的海浪。

　　海洋如此之大，而且在昼夜不停地变化，无时无刻不以海浪的形式展示着它无穷的力量。海洋不停地运动，产生的动能和势能累积起来的能量是惊人的。据科学家测算，在全球海洋中，仅风浪和涌浪的总能量就相当于到达地球外侧太阳光能量的一半。要知道，太阳光能量可是地球表面最主要的能量来源，其中的一部分被陆地植被和海洋中的藻类、光合细菌，以及海岸带的红树林、潮下带的海草床等吸收，成为驱动陆地生态系统和海洋生态系统运转的初级动力。

海浪有如此大的能量，是不是值得我们去投入更多的关注和研究呢？正如好马都是有脾气的，被驯服之前可能会对人和事物造成伤害，一旦驯服，就会成为宝马良驹。海浪的能量可再生、无污染，如果人们能研究出相关的技术和途径对其进行合理利用，例如，用海浪发电等，必然会收获非常可观的绿色能源。

● 海上风力发电

● 海上太阳能发电

《知识小卡片

海浪 最常见的海水物理运动现象，是由风和海水的潮汐作用引起的海水在海面上的波动现象。

认识布朗运动

在漫长的科学发展史上，记录着浩如繁星的科学发现。这些科学发现的过程很多都是奇妙且有趣的。例如，牛顿由一个掉落的苹果发现了万有引力定律，阿基米德洗澡时由浴盆溢出的水发现了浮力定律……

这些故事常常给我们错觉，即科学发现只需要一个特殊的视角，需要一个"灵光乍现"的契机。实际上并不是这样的，绝大多数的科学发现和科学理论都来自科学家们长期的观察与实践，有些甚至需要几代科学工作者前仆后继的努力，并且借助于经济的发展、技术的进步才能得以实现。布朗运动的发现和认识过程就是如此。

🌸 布朗的发现

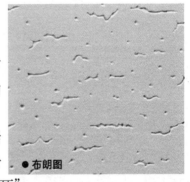
● 布朗图

1827 年，英国植物学家布朗在显微镜下观察微生物的活动特征时，发现水中有悬浮的花粉颗粒，这些细小的颗粒在不停地运动。

起初，布朗以为这是因为花粉是有生命活力、能在水中游动的生命个体，于是他将花粉晒干、浸泡酒精，如此折腾一番，想把花粉"杀死"后再观察。然而液体中"被杀死"的花粉颗粒仍然在不停地运动。布朗试图将花粉颗粒的运动轨迹画下来，却发现这些运动轨迹毫无规律可循。

🌸 布朗运动

为了验证这种无规律的运动是一种常态，布朗对花粉在水中的状态一次次进行观察。他发现，当花粉颗粒过大时，它在水中是静止的，于是布朗不断将花粉磨细，直到必须用显微镜才能看到时，花粉颗粒才重新"活跃"起来。布朗还试图改变水温，他发现温度越高，花粉颗粒运动得越剧烈。后来，科学家们发现，除了花粉颗粒，其他悬浮在液体甚至气体中的微小颗粒也会进行这种无规则运动，因为布朗是第一个描述这种科学现象的人，后人就把这种微小颗粒在流体（液体、气体）中的无规则运动称为布朗运动。

没有生命的花粉为什么会在液体中进行无规则运动呢？布朗发现了这种现象，却没有找出产生这种现象的原因。在这之后的几十年里，科学家们对布朗运动进行了持续研究，有的还建立了分子模型。科学家们做了很多假设，他们猜测这种无序运动也许跟热能或者电场有关，为此做了大量的实验，但终究没能揭开其中的奥秘。

直到原子和分子的概念被人们广泛接受后，有科学家指出，布朗运动是由花粉颗粒受到来自不同方向的水分子的不均匀撞击产生的。

1905年，爱因斯坦根据扩散方程建立了布朗运动的统计理论。之后，贝兰等科学家借助齐格蒙发明的超显微镜进一步验证了这一理论。

至此，布朗运动作为分子热运动的直接证明，终于在科学发展史上留下了浓墨重彩的一笔。

布朗运动的原理

水是由水分子构成的，每个水分子都在一刻不停地进行无规则运动，这种运动称为分子热运动。水分子在运动的过程中遇到花粉等悬浮在水中的微粒，就会对它们进行撞击。由于花粉颗粒比较小，在同一时间会受到

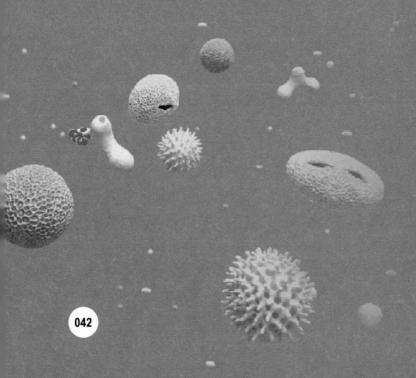

来自各个方向的水分子的撞击，因为受到的各个方向的力不平衡，所以颗粒就会被推动，向某个撞击力较小的方向运动。

　　水分子的运动是无规则的，反映到花粉颗粒身上，花粉颗粒的运动也是无规则的。正因如此，布朗画的花粉颗粒运动轨迹图就像一团乱麻，想在这团乱麻中找出规律是徒劳无功的，只有把它们放到分子热运动的背景下才能理解。

布朗运动的五个特点

　　第一，对于悬浮在流体中的小颗粒来说，它在某一时刻受到水等流体中不同分子的撞击力的大小、方向都不相同，所以布朗运动是无规则的。

　　第二，液体、气体等流体的分子的运动是永不停歇的，所以流体分子对微小颗粒的撞击也是永不停歇的。

　　第三，颗粒越小、质量越小，运动状态越容易改变，布朗运动就越明显。

　　第四，温度越高，流体的分子运动越剧烈，流体分子对颗粒的撞击力越大，小颗粒的布朗运动就越明显。

　　第五，进行布朗运动的颗粒很小，所以肉眼很难观察到，必须在显微镜下才能清楚看到。

🌸 做布朗运动实验

使用显微镜和采集到的花粉（瓜类、玉米等植物的花粉）来观察布朗运动。把花粉浸泡在几滴水中，将包含花粉颗粒的液体滴到凹载玻片上，用高倍显微镜观察，可以观察到花粉颗粒在不停地做无规则运动，这就是布朗运动。还可以把花粉颗粒运动的轨迹在纸上画下来，这样就得到一张独一无二的布朗运动轨迹图啦！

🌸 常见的布朗运动现象

布朗运动现象在自然界处处可见。

春暖花开的季节，公园里花香扑鼻而来，尤其是当风从开花的树上吹过来时，阵阵花香沁人心脾。即使没有风，在花的附近也可以闻到花香，这是因为形成花香的气味分子通过布朗运动弥漫在周围的空气中，进入了人的鼻腔。

大海中的鲨鱼可以闻到千米之外的血腥味，一方面是因为洋流将某处的血液带向洋流的下游，另一方面是因为血细胞会在海水中做布朗运动，逐渐弥漫到整个海域，加之鲨鱼对血腥味极其敏感，会闻到海水中很淡很淡的血腥味，进而根据血腥味寻找到受伤或者死亡的猎物。

> **(((知识小卡片**
>
> **布朗运动** 微小颗粒物在流体（液体、气体）中不间断的无规则运动现象。该现象由英国植物学家布朗于1827年在显微镜下观察微生物活动状况时发现。

重温布朗的实验，重走科学前辈的足迹，对于每一个热爱科学的人都有着重要意义，它能让我们放下那些好高骛远的想法，沉下心来面对我们所热爱的一切。虽然今天的科学发展水平与200年前已经不可同日而语，但无论是明悟的牛顿，还是困惑的布朗，抑或未来走向科学道路的你，科学发现永远来自观察、思考和实践，来自科学工作者对未知的追求、探索与不懈的努力。

无处不在的扩散现象

相比在显微镜下才能看到的布朗运动，扩散现象更容易被观察到。

取一杯清水，向其中滴入一滴红墨水，红墨水会迅速散开，像一朵快速绽放的红花，散开的范围越来越大，速度越来越慢，最终，红墨水与清水完全融合，杯中的水显示出均匀的、浅淡的红色。类似红墨水融入整杯水中并均匀分布的现象就是扩散现象。

🌸 扩散现象的原理

在自然界中，一个系统内的物质或个体，在没有外力的作用和干预下，总是由有序状态向无序状态发展，即越来越混乱无序，直到达到一个相对静止的不向更加无序方向发展的状态。这是物质或者系统的基本物理性质之一。

以红墨水在清水中的扩散为例，将红墨水刚刚滴入清水的瞬间，红墨水和清水是完全分开的，红墨水是红墨水，清水是清水，这时杯子里的液体系统处于有序状态。红墨水滴入清水中以后，二者都成为水杯这个系统中的物质，于是红墨水分子和清水分子就会发生布朗运动，从而逐渐扩散，互相融合，越来越混乱无序，最终，红墨水分子和清水分子均匀分布在水杯里，达到相对静止的状态。

🌸 生活中的扩散现象

如果你留心观察，会发现日常生活中有数不清的扩散现象。例如，在北方的冬季，我们常常会看到热力公司高烟囱里冒出来的白烟，烟的尾巴在高空中渐渐散逸、变浅，直至消失不见，这是因为组成白烟的物质分子逐渐扩散到空气中，被空气稀释，变得越来越淡，最后人眼就看不到了。

走过人潮汹涌的商业街，扑面而来的是各种"味道"：距离5米远的路边店飘来美食的香味，刚刚启动的汽车喷出一股子呛人的尾气；回到家中，餐桌上摆着妈妈精心烹制的菜肴，从咸香的烤鱼中能品尝出盐、花椒、孜然等调味料的味道……这一切现象的背后都存在着物质扩散。

✿ 扩散现象只在气体和液体中发生吗

看到这里，你是不是以为扩散现象只存在于气体和液体中？其实，扩散现象存在于所有状态的物质中，扩散是所有物质的物理性质之一。气体和液体是流动的，其中的物质很容易交换，扩散也就很容易发生。而固体看起来是固定不动的，但扩散同样存在。将两块表面平滑的、不同的金属贴合、压紧，经过比较长的一段时间后，我们会在两块金属的接触面内部发现对方的分子成分。注意，这里说的是相邻金属的内部而不是相互贴合的表面，这就证明了固体中也存在扩散现象。

✿ 扩散现象如何产生

那么，是什么导致扩散现象产生的呢？特别是固体，一些金属、岩石的硬度都是相当高的，它们各自的分子是怎样钻到对方内部去的呢？

布朗运动反映了一切物质的分子都在不停地做无规则运动。扩散现象就是分子通过布朗运动从高密度（高浓度）区域向低密度（低浓度）区域的运输过程，它主要是由密度差引起的。这是物质系统的一种物理性质，两种物质的密度（浓度）差越大，扩散就越容易发生，物质由密度高处向密度低处扩散的速度就越大。

还以上述红墨水在清水中的扩散现象为例，将红墨水滴入清水中时，红墨水水滴中红墨水分子的浓度最高，而清水中红墨水分子的浓度为零。相反，清水中的清水分子相对于红墨水水滴中的清水来说浓度最高，于是红墨水水滴中分子向清水中的扩散速度和清水分子向红墨水水滴中的扩散速度都处于最高状态，虽然表面看上去红墨水在清水中的扩散速度很快，实际上清水在红墨水中的扩散速度也很快，只是不易被察觉而已。

随着扩散的进行，红墨水水滴中的红墨水分子扩散开来，红墨水分子密度越来越小，因此扩散速度就降下来了，直到红墨水分子与清水分子完全融合，处于相对静止的状态。这时，虽然表面看上去是静止的，实际上里面的红墨水分子和清水分子仍然在做无序的布朗运动，只不过由于杯子里各处不同物质的浓度相等，完全混匀了，看上去红墨水不再扩散了而已。

温度越高，扩散速度越快

我们发现在扩散运动中，温度越高，扩散速度越快。观察布朗运动时也会发现，温度越高，悬浮微粒的运动就越明显。这些都表明分子的无规则运动与温度有关，温度越高，运动就越剧烈，因此我们把分子永不停息的无规则运动称为分子热运动。扩散现象就是由分子热运动产生的质量迁移现象。

分子质量迁移

气体分子间的空隙很大，因此分子热运动的速度也很快，由于运动时分子间互相碰撞，每个分子的运动轨迹都是无规则的。温度越高，分子热运动就越剧烈，速度就越快。

固体分子间的吸引力很大，因此，绝大多数固体分子的热运动只能在各自的平衡位置附近振动，这是固体分子热运动的基本形式。

但是，固体里也会有一些分子的热运动速度较快，具有足够的能量脱离平衡位置，能从一处移到另一处，有的分子还能进入相邻物体，这就是固体发生扩散的原因，当达到一定温度时，扩散速度也会加快。

固体的扩散在金属的表面处理和半导体材料生产上很有用处。例如，钢件的表面渗碳法（用来提高钢件的硬度）、渗铝法（用来提高钢件的耐热性），都是利用了金属的扩散性质；在半导体生产工艺中利用扩散法渗入微量的杂质，可以达到控制半导体性能的目的。

液体分子的热运动情况跟固体相似，其主要形式也是振动。但除振动外，还会在外力，如重力作用下发生移动，这使得液体有一定体积而无一定形状，所以具有流动性，同时其扩散速度也大于固体。

❀ 呼吸扩散

人的呼吸过程可以看作氧气和二氧化碳在肺泡和人体组织里的扩散，人的消化过程可以看作营养物质在血液循环中的扩散。人在海上遇险，不能喝海水解渴，也是由于水和盐分的扩散性质。人感觉渴，是因为细胞中缺水了，需要补充水，但海水中盐分的浓度要高于人体细胞中盐分的浓度。当人喝了海水后，人体肠道细胞接触到海水，细胞中的水分就会从细胞中渗出，而海水中的盐分则会渗入细胞，这样不但不解渴，还会使人感觉更渴，损伤甚至杀死肠道细胞，而且海水中的盐成分复杂，进入血液的海水除了会损伤细胞，还可能使人中毒。

❀ 带着"扩散思维"看世界

如果你带着"扩散思维"去看这个世界，会发现扩散几乎无处不在。可以说，整个地球上的大气循环、水循环、地球内部的物质交换都离不开扩散的参与。因此，我们才说地球是一个"村"，而人类是一个命运共同体。以海洋来说，向海洋中倾倒垃圾，排放污水，特别是含危险废物的垃圾和污水，影响的绝不只是周边地区。地球上的海洋是贯通的，这些有害物质会随着海浪、洋流扩散到世界各处，就像滴入清水的墨汁，终有一天，会到达海洋中的每一个角落。

也许你在远隔千里的地方扔掉的垃圾，兜兜转转会以另一种形式重新来到你的面前，比如，餐桌上的那道鱼汤。已有报道，在很多海水鱼体内检测出了微塑料颗粒。这就是人们丢到海里的塑料垃圾，在海水中形成颗粒扩散到海洋的各个角落，通过食物链到达鱼类或者更高级的大型海洋动物的体内。所以不要把随手扔垃圾视为一件不经意的小事，它关系到环境保护，关系到我们每个人的生存。

> (((**知识小卡片**
>
> **扩散** 物质分子从高密度区域向低密度区域转移直到均匀分布的现象。

力、温度、密度

　　我们的学习和探索像拆解积木再拼合的过程，当整体的庞杂令人无措时，我们会把它拆分到最小单位，尽一切所能去观察、推理、实验，在拼合的过程中不断去碰撞、试错，寻找一切的相关性，最终拨开云雾，终成正果。对海洋的认知也是如此。科学与技术的先驱者们从海水的构成，到海水的盐度、密度、浮力、压力……一点一点地揭开海洋的奥秘，最终让数十万吨的油轮行驶于海面，让载人深潜器下潜至万米深海；从海水中分离出淡水，又让荒滩变成盐田。当你掌握了海洋的密码，这一切的神乎其技都变得理所当然。

海水的压力

在电影中，我们有时会看到汽车落水的情节，车里的人惊慌失措，想要逃出来，但无论怎么推车门、拍车门，都无法打开车门，车里的人由此陷入绝境。为什么平常轻轻松松就能打开的车门，在车子落水后就打不开了呢？

这就要从水的压力说起。

 物体的压力

力是一个物体对另一个物体的作用，前者为施力物体，后者为受力物体。推动自行车向前运动，就是对自行车施加了推力，自行车是受力物体。压力是力的一种，指的是施力物体将受力物体压紧的力。地球上所有的物体都在地球引力的作用下产生重力，重力的方向指向地心，也就是向下垂直于地球表面。因此，物体会对其下方托住它的物体产生向下的压力。

 重力与浮力

重力对固体和流体的作用效果不同。固体不会流动，重力使得固体只产生垂直向下的压力；而流体很容易在力的作用下变形，重力除使流体产生垂直向下的压力外，还会使流体改变形状，流向低处，从而对侧方物体产生压力。流体对下方和侧方物体产生压力的同时受到下方和侧方物体包括流体自身的反作用力，这个反作用力就是浮力。重力、浮力使得流体改变形状，直到不再改变为止，此时，流体对下方、上方、侧方物体的压力就达到了一个暂时的平衡状态，也就是各方的压力相等。

当汽车落水并逐渐沉入水中时，车门受到的水的压力会随着水深增加而逐渐变大。平时车门很容易打开，是因为车内外的气压是相同的，车到了水里，车门外增加了水压，而车内没有进水时只有气压，所以车门就越来越难以打开了。因此，当乘车过程中遇到落水的险情时，最重要的是保持冷静，争取在落水的第一时间打开车门和车窗逃生；当无法打开车门时，要减少运动量，深呼吸，静待水漫入车厢，当车厢内外水压达到平衡时，车门就容易打开了，在最后时刻屏住呼吸，打开车门游出车逃生。

水压

地球表面的空气有重量，因此空气有气压，地球上所有的物体都在承受着大气压的作用，包括人。海拔越高，气压越小，因此，在海平面上气压最大，大约是一个大气压，也就是说，你身上每一平方厘米都承受着约1.033千克重的空气压力。根据测算，海拔每升高9米，大气压会下降0.1%，因此，在海拔接近3000米的长白山最高峰上，大气压比在青岛海滨降低近1/3。

同理，水也是流体，会在重力作用下产生水压。因此，水对各个方向都有压力，当我们把一个物体放进水里的时候，这个物体就会受到来自各个方向的水压。水压，归根结底是由于水的重力而产生的。可以想象，水越深的地方，上方的水越多，重力越大，水压就越高。根据测算，水深每增加10米，水压就会增加约1个大气压。水面的空气气压是1个大气压，那么在水深10米处的水压就是约2个大气压，水深100米处的水压就是约11个大气压，以此类推。

因此，在深海，水压非常大。正因如此，深海的鱼没有鱼鳔。因为鱼鳔需要气体来填充，深海水压太大，在深海往鱼鳔里充气会非常困难，还可能因为水压太大而导致充气的鱼鳔被压碎，造成鱼的死亡。

我们可以在几十米深的珊瑚礁潟湖里穿着潜水服、背着氧气瓶潜水，观察海底环境或者采集样品。但如果我们到数百米深或者1000米以上的深海去考察，就需要乘坐专门的载人深潜器，因为人体对水压的承受能力有限，载人深潜器的载人舱是一个球形的坚固"铠甲"，可以抵抗深海的巨大水压，使得舱内的气压依然是一个大气压，里面的人感觉就像在海面上一样。

深海鱼抵抗水压的能力

虽然深海中压力很大，但深海动物们个个身怀绝技，都有各自的法宝来抵挡深海中的高压。那么问题来了，深海鱼是如何抵抗住水压的呢？它们靠的是"软骨头"。老子《道德经》有云：刚者易折。面对巨大的水压，深海鱼不像载人深潜器的载人舱那样拥有一个坚硬的外壳，可以硬碰硬地抵抗高压，而是反其道而行之，用柔韧的身体构造顺应外力。比起它们的浅海近亲，许多深海鱼的骨骼和肌肉比例都较低，骨骼骨化不完全，软骨比例明显较高，身体由大量脂肪和胶质填充，以使体内与体外压力一致，因此即使深海压力很大，它们也能保持基本的身体形状，不会被压扁。

 杜父鱼

杜父鱼（学名叫作软隐棘杜父鱼）生活在 1200 米深的海底，身上长了很多刺，没有鱼鳔，而是用油脂代替鱼鳔的功能。当它被打捞上岸后，身体变形，头部变得像一个忧伤的人脸，整个身体也会像水或者软泥一样摊在地上，因此也被称为水滴鱼。在海面上，巨大的水压消失，杜父鱼身体内部的各个器官会失去压力的压制，体内用以平衡外界压力的油脂和胶质物便急速膨胀，将皮肤撑起来，甚至能把皮肤撑破，造成不可逆转的损伤，这使得离水后的深海生物会比浅海生物更快地死亡。

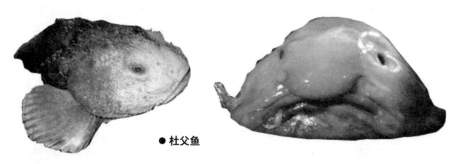
● 杜父鱼

 狮子鱼

除了杜父鱼，还有一种名叫马里亚纳狮子鱼的深海鱼，它们居住在全世界最深的马里亚纳海沟 8000 米深的海底，是迄今已知的栖息深度最深的深海鱼类。在这么深的海底，它们的身体不仅要在组织结构上承受重压，就连细胞甚至分子都要承受重压，其细胞膜的脂肪含量、蛋白质的结构都会发生适应性变化，以应对深海极端压力的挑战。

● 狮子鱼

流体内的液体压力大小除了跟深度有关，还跟流体的密度有关，密度越大，压力越大。海水的密度略大于淡水，所以海水水压要高于同深度的淡水的水压，同理，水压也会高于油压。液体的密度远高于气体，同样高度的情况下，液体压力就明显高于气压。

知识小卡片

气压 又称大气压，指的是由于空气分子的运动对物体表面的碰撞引起的对空气中物体的压力。空气密度越大，含有的分子越多，产生的气压就越高，因此，随着海拔的升高，大气压会由于空气密度的下降而变小。

水压 海洋中的水由于重力的作用而对水中的物体包括海水自身产生的压力。由于水是流体，因此任何一个点的水压都来自周围任何方向，也传向周围任何方向。由于上层水的重力叠加作用，越深的地方水压越大。水压与水深成正比。

下潜到大洋的最深处

　　2020年10月27日，我国自主研制的载人深潜器（也称为深海探测器）"奋斗者"号在马里亚纳海沟成功下潜，突破1万米水深，达到了10058米，刷新了中国载人深潜的纪录。11月10日，"奋斗者"又在深海10909米处成功坐底，打破了刚刚创造的中国载人深潜纪录。这一天是中国深潜事业的重要里程碑，也是中国人扬眉吐气的好日子。

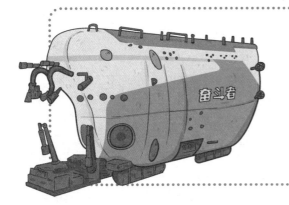

　　"奋斗者"号载人深潜器的载人舱外壳是由我国自主研发的高强度、高韧性钛合金打造的，由于这种钛合金材料抗压能力强大，"奋斗者"号载人深潜器理论上能够达到约15000米水深处，比马里亚纳海沟的最深处（约11034米）还要深。因此，乘坐"奋斗者"号在地球上所有深度的大海里下潜都是安全的！

"奋斗者"号仿佛一双好奇的大眼睛，将中国科学家的视线拓展到了人类不曾涉足的神秘的深海环境中。这并不是人类下潜探索海洋的开始，也不会是结束。早在亚里士多德时期，人们就开始进行观测和描述海洋的工作。"水下的世界是什么样子的？"也由此成为笼罩在人类头顶的一朵巨大的疑云。从此，"下潜"成了人类的一个目标。

　　可是，对于已在陆地上生活了上百万年的人类来说，下潜并不是一件容易的事情，首先需要克服的就是呼吸问题，因为人是靠肺呼吸空气中的氧气而生存的。

人类最初的潜水活动

　　人类最初的潜水，完全是通过憋气来实现的。潜水者通过苦练憋气延长在水下的作业时间。这种方式的潜水，大多是以捕获 10 米水深以内的海产品和探寻宝藏为主。例如，人们会利用潜水在水下寻找珍珠蚌来获取珍珠，也会在沉船周围潜水，试图获得沉船上的宝物。

潜水设备——呼吸管

　　然而，憋气终归是一种对从业人员要求非常高的技术，而且人在水下憋气的时间也很有限。随着人们对水下作业需求的提高，各种潜水设备不断被发明出来，技术也日臻成熟，憋气逐渐被呼吸管取代。

　　据我国明代的《天工开物》记载，潜水者在入水时会携带一根锡质的空管，将空管膨大的一头罩在鼻子上，另一头则高出水面。这样一来，潜水者就可以依赖这根空管在水下呼吸到空气了。

　　虽然利用空管呼吸大大提高了下潜的效率，降低了下潜的门槛，但这仍然是一项非常粗糙且危险的技术。当时的潜水者往往会在腰上系一根绳子，出现意外时就拉动绳子，发出信号，以便在水面上的同伴及时搭救。随着下潜深度的增加，潜水者和绳子受到的各种扰动也会增加，救援的开展也会受到干扰。所以此时的潜水，仍然是一项充满不确定性因素的高危工作。

🐟 潜水钟

既然人必须呼吸空气，那能不能把空气带到水下呢？相信大家在日常生活中都见过这样一个实验：当我们平稳地把杯子倒扣入水中时，杯子中是不会进水的。这是因为杯子中有空气，空气产生的气压把水隔绝在杯子的外面。如果我们把这个杯子放大，大到可以装下一个人，是不是就可以让人被气压保护而与水隔绝呢？最早的水下呼吸装置就是利用了这个原理。由于这种装置外表酷似大钟，被称为潜水钟。

在 2014 年韩国"世越号"的救援工作中，潜水钟作为一种能够下潜 70 多米、持续工作两三个小时的设备，凭借它的优势发挥了重要作用。

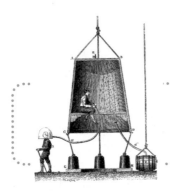

诚生于 16 世纪的潜水钟，最初是由木头拼接而成的，后来经过改进，密闭性更好的金属成了其主要材料。

🐟 水肺

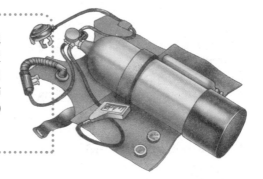

经过长时间的改进、试验，20 世纪 40 年代，一种被称为自携式水下呼吸装置（也称为水肺）的设备被发明出来。潜水员通过这个装置连接一个氧气瓶，构成水肺系统，使用此装置，潜水员可以下潜到 50 多米水深处。

至今水肺已是最流行的浅海打捞、采样、水下观光的工具。这种下潜方式就是我们平时常见的背着氧气瓶的自主下潜。潜水员携带水肺下潜到10米左右水深处，可以进行1个小时的作业，大大提高了潜水作业效率。水肺系统不仅为我们探索海洋奥秘提供了有力的保障，使得水下科考、探险等得以普及，而且为工业和军事等高等级的潜水活动提供了支持。至此，人类在解决水下呼吸的问题上迈出了一大步。

潜水员需掌握潜水技术

潜水要解决的另一个棘手的问题就是如何潜下去。

在水中的物体，一边受到重力的作用而下沉，一边受到水体的浮力作用而上浮。两种力量方向相反，它们的大小和物体的密度决定了物体最终是上浮还是下沉。由于人体密度与水的密度差不多，所以当人没入水中后，受到的浮力和重力的大小几乎相等。游过泳的人都知道，想要将身体下沉到泳池池底，并不是一件容易的事情。在海中下潜同样不容易，为了达到下潜的目的，潜水员不但需要特殊装备的协助，而且要掌握独特的潜水要领。

我们的肺可以储存大量的气体。肺只要充满了气体，就像在我们身上绑了一个大气球一样，使得我们更容易上浮。所以，潜水员们在潜水时要在身上加铅块作为配重，尽量使身体和所携带的水肺系统、作业工具等形成的整体的密度大致相等或略高于水的密度，突破悬浮的临界条件，达到下潜的目的。

虽然依赖特定姿势和呼吸设备可以让我们朝海底进发，但是下潜得越深，水压也会越大。据记载，人类利用装备潜水的最高纪录是332米。这意味着，如果我们想探索更深层的海洋，必须依赖其他设备的支持，因此载人深潜设备应运而生。

潜水员会将身体呈现一定的角度，通过脚蹼打水、手臂划水在水下实现下潜和上升的目的。

载人深潜设备的深潜原理

潜水艇就是典型的载人深潜设备。潜水艇具有一种称为沉浮箱的装备，通过往沉浮箱中注水或者打入空气，来调节潜水艇的密度与水的密度的相对大小，实现下潜和上浮。需要下潜时，会将沉浮箱的水口完全打开，水流注入箱体，潜水艇的重力增大，从而达到下潜目的。需要上浮时，就向沉浮箱中灌入压缩气体，压缩气体将水排出沉浮箱后，变成了一个灌满气体的"气球"，潜水艇整体的密度自然就变小了，当其小于水的密度时，就达到了上浮的目的。

虽然潜水艇下潜和上浮的原理简单有效，但是这样的原理并不适用于像"奋斗者"号这样能执行万米深潜任务的载人深潜器。一方面，深海的巨大压力对载人深潜器的材料及材料间接口处的密闭性要求极高，特别是载人舱，任何极细微的缝隙都会对舱内人员造成巨大的伤害。因此，给本来就狭小的载人深潜器上安装一个可调节密度的沉浮箱是不现实的。另一方面，海底的水压巨大，如果我们想在上浮时往沉浮箱中打气，就需要携带压缩气体的压力高于水压的装置，但是对气体进行极限压缩也是不切实际的。

所以，载人深潜器采用的是另一种下潜方式——无动力下潜上浮技术。在载人深潜器的两侧配备四块压载铁，这四块压载铁的重量足够克服载人深潜器受到的海水的浮力，使得载人深潜器能够下潜。当下潜到理想的作业深度后，抛弃其中两块压载铁，使得载人深潜器正好处于悬浮状态，便于在一定深度进行科研作业；当完成任务，想要上浮时，只需再抛弃最后两块压载铁，使得载人深潜器的浮力大于重力，就可以上浮到海面上了。这四块压载铁的重量是按标准制作的，而且每次下潜，载人深潜器、搭载的仪器重量，以及潜航员、科学家的体重都是经过严格计算的，从而保障每次下潜任务的成功。

"可上九天揽月，可下五洋捉鳖"，对未知的探索永远是人类最朴素和最执着的梦想。在这样的梦想下，我们一步步打破未知，一步步发现奇迹。我们仿佛能听到从古至今探索海洋深处秘密的人们在呐喊：下潜！下潜！到那大洋的最深处！

知识小卡片

压力 两个物体接触表面的作用力，该力作用于物体表面而垂直于表面。例如，由于重力引起的上方物体对接触的下方物体的作用力；由于空气重力和分子运动对其中物体的作用力，即气压；用手推车时手对车表面的作用力。

沙丁鱼风暴与蝠鲼龙卷风

在太平洋到印度洋的群岛间，有许多世界知名的潜水胜地，这里是两洋交汇的中继站，是众多洋流汇集交融的集合点，大量丰富的海洋生物在这里栖息、繁衍，也吸引了众多世界各地的潜水爱好者在这里聚集。潜水爱好者可以在马尔代夫欣赏五光十色的岛礁和浮潜群落，在帕劳与水母共沉浮、跟银面鱼共起舞，或者到印尼的巴厘岛造访水下沉船，在诗巴丹沿水下峭壁徜徉探秘……在这些世界级的潜水目的地之外，还有一个颇受潜水爱好者喜爱的地方，它是位于菲律宾宿务的一个小小的渔村——墨宝，这里有几乎让所有潜水爱好者都心驰神往的名为"沙丁鱼风暴"的沙丁鱼群。

沙丁鱼个头小，最多不过成年人的一掌长，它相貌平平，没有什么明显特征，混在鱼群里也难找到。沙丁鱼也没有什么厉害的武器，比如尖利的牙齿、有毒的骨刺等，这样弱小的鱼种在海洋中很容易成为捕食者的目标，海豚、鲸、鲨鱼、金枪鱼、旗鱼和一些海鸟都将沙丁鱼视作美味，沙丁鱼也常年被列在人类的菜单上。敌人无处不在，为了保证种群的繁衍生息，沙丁鱼有自己的生存策略——以数量和集群取胜，数量庞大并且以群体形式生活在一起，这样被天敌捕食的概率就远低于个体单独生活，从而大大增加存活机会。

在墨宝，无论是浮潜（戴着呼吸管，主要在海面潜水）、自由潜（不戴任何潜水设备、仅靠腹式呼吸屏气潜水），还是携带氧气瓶的轻潜（SCUBA潜水），都能很容易地看到沙丁鱼群。它们成千上万地聚在一起，在繁殖季节，某些海域的沙丁鱼数量甚至达到数亿，从而在海中形成一条长而厚的鱼带。沙丁鱼喜食浮游生物，因此总是盘桓在近海较浅的暖水团中，大量的沙丁鱼聚合成一个庞然巨怪，它们或者团成球形缓缓地沿着中心旋转，或者缥缈如尘烟。当鱼团受到惊扰时，它们便迅如闪电般地在水中翻转激荡，所有的个体仿佛中了一种灵魂魔法，密集又快速地向一个方向游，又在同一个位置突然转向，动作协调一致，就像练习了千百次的集体舞蹈，不会有任何的差池。

不单是沙丁鱼能聚集成"风暴"，在菲律宾、马来西亚和马尔代夫等地的珊瑚礁盘附近，运气好的潜水者们也会邂逅"杰克鱼风暴"或者"海狼鱼风暴"，这两种鱼都比沙丁鱼大，但从数量规模上都不能与"沙丁鱼风暴"相比。

🐟 鱼类对水流变化的感应

潜水者可以看到成千上万的鱼聚集在一起游动，游的速度相当快，有时还会突然加速，但并没有发生鱼儿左右相撞或者前后追尾的情况，它们究竟是怎么做到的呢？是真的有什么魔法或者"心灵感应"吗？

当然不是，科学不是魔法，如果说群鱼间确有感应，但也不是什么不可捉摸的心灵感应，而是鱼类对水流变化的感应。很多鱼虽然长着大大的眼睛，但它们的视力并不好，因为它们眼睛中的晶状体不能调节，尤其在浮游生物丰富的海域，海水的能见度并不高，许多大型鱼类或哺乳动物的速度又非常快，等看到再躲避就太迟了。鱼类更多的是靠身体两侧的侧线系统感知危险。下面以我们上面说过的两种风暴的主角为例。

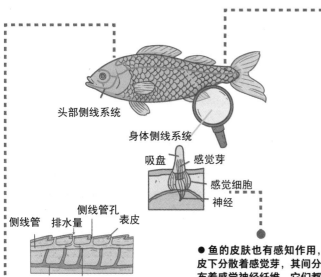

头部侧线系统

身体侧线系统

吸盘　感觉芽

感觉细胞

神经

侧线管　排水量　表皮

侧线管孔

侧线神经　神经乳突

● 鱼类的侧线系统不仅包括侧线，还包括头部感官的其他分支，如眶上管、眶下管、鳃盖舌颌管、横枕管。

● 鱼的皮肤也有感知作用，皮下分散着感觉芽，其间分布着感觉神经纤维，它们都通向大脑，这些感官形成的感觉系统相当于侧线系统，其感觉能力并不比侧线弱，甚至更强。

鲈鱼的侧线所在的鳞片上有许多小孔，侧线其实是由这些小孔排列而成的。这些小孔被称为侧线管孔，小孔下面互相连通，形成长管，叫作侧线管（又叫鱼腥线，有经验的厨师会把它抽出去以减少鱼腥气）。

侧线管中充满了黏液，当水流冲击身体时，水压会通过侧线管孔传入侧线管，再通过其下的侧线神经传达到大脑，让鱼感知水流温度、方向、强度和振动变化，以此判断周围是否有敌人来犯，是否有食物，确定自己是否靠近礁石和岸边，以及保证与队友的联络等。

● 杰克鱼（六鳃鲹）体侧从鳃后黑斑处开始到尾部有一条横贯的前弯后直的细线，这就是它的侧线。

● 海狼鱼（金梭鱼）的侧线又长又直。这些侧线并不是简单的装饰条纹，而是鱼类的皮肤感觉器官。

侧线系统相当于鱼类的定位系统，帮助鱼类更好地感知水流中的振动，避免碰撞、保持速度，不但使鱼类集群行动成为可能，而且成为集群鱼类统一行动的主要感觉系统。俗话说，团结就是力量。鱼类集群后，防御力和攻击力都有大幅提高，摄食效率也同步提高。

杰克鱼和海狼鱼与鲈鱼的侧线都很明显，且一侧都只有一条侧线，有些鱼类有两条以上的侧线。沙丁鱼没有侧线，这是不是说明沙丁鱼的感知弱呢？其实不然，沙丁鱼行动非常灵活、迅速，特别是在敌人来袭时，简直可以说动如闪电，靠的是皮肤感觉、视觉感知能力和该物种长期的群居协同行动的训练。

沙丁鱼风暴往往发生在浮游生物特别丰富的近海海域，庞大的鱼群不但震慑住了一部分捕食性鱼类，使自身免于被攻击，同时鱼群本身也占据了最好的摄食区域，就像一个大旅行团一股脑地涌进来，占领了摆满食物的大部分餐桌，其他人只好在餐厅外踟蹰，望食兴叹。在沙丁鱼洄游的季节，近岸的海水鱼群密布，从天空俯瞰，延绵数千米甚至十几千米都是黑压压的鱼群。

在洄游和繁殖季以外，沙丁鱼群的规模通常不大，它们经常会保持圆形环游，或沿着一个方向行进，这种一个挨一个地同向行进充分利用了尾流效应，可以为它们节省很多力气。尾流效应是指在流体中快速运动的物体会在物体的后面形成一个流体的低压区，在这个区域同向运动的物体受到的阻力较小，相当于前面运动的物体帮助后面紧跟着的运动的物体克服了部分前进的阻力，而周围的流体由于压力差的作用会流向这个低压区，从而给后面的物体一定的推力，使得后面运动的物体像被前面运动的物体"牵着"走一样。

赛车中也有尾流效应，前面高速行驶的赛车推开气流，在车后形成一个低压区，紧跟在它后面的车受到的阻力就小一些，用较小的动力就可以得到与前车同样的加速度，即使不把油门踩到底，也能跟住前车，而在距离、角度恰当的情况下，一旦将油门踩到底，爆发出来的力量就相当于前车的牵引力再加上自身动力之和，这种像装了弹簧似的突然增速被称为弹弓效应。因为空气和海水都是流体，所以尾流效应和弹弓效应每天都在天空和海洋中上演。

空中迁徙的雁群，由头雁负责开路，承担了最大阻力，后面的雁会与前、左、右的同伴保持适当的距离，使自己正好处于前方队友带来的低压区内，最大程度地降低能量消耗。而你追我赶的猎食过程简直就是各种尾流效应和弹弓效应的表演现场。

因为头雁克服的前进阻力最大，因此通常由雁群中最强壮的个体担任，由于迁徙过程较长，雁群还会不时地替换头雁。

蝠鲼龙卷风

　　说到鱼儿们对水流的利用，还得提一提蝠鲼龙卷风。每年的5月到11月，在马尔代夫的哈尼法鲁海湾，潮汐和洋流带来的大量磷虾和浮游生物都会引来近万只蝠鲼到这里觅食，潜友们经常会遇见三两只身着"黑袍"的蝠鲼在清澈的礁盘地带翩然游过，但想要路遇数百只蝠鲼巡游或观赏到蝠鲼龙卷风，就需要很大的运气了。

　　蝠鲼龙卷风并不常见，或者说被人记录下来的机会很少。不知道它们是怎样沟通联络的，总之它们结伴而来，到达食物丰盛的目的地后，就开始一个挨着一个地围绕中心转圈，数百只蝠鲼首尾相连地转圈，形成一个螺旋形涡流，将它们爱吃的食物困在其中。这与我们在水盆中撒一些沙子，然后用手沿着盆底外沿顺着一个方向在水中画圈，沙子就会聚向盆底中心一样。

　　科学家们把蝠鲼的这种绕着圈用餐的做法叫作"气旋摄食"，旋涡形的水流对于困住细小的浮游生物是非常有效的，翼展数米的蝠鲼体型巨大，却以细小的浮游生物为食，这就要求它摄食的效率必须很高，也就是需要单位体积的海水中含有更多的浮游生物。这种首尾相连的方式既省力，又能通过涡流使浮游生物聚集，提高海水中食物的密度，蝠鲼就只管张开巨口，大快朵颐了。

　　生活在水中，就要借助水来发展技能，你还知道哪些鱼儿的技能呢？有没有值得我们人类学习和借鉴的呢？

飞鱼是怎么飞起来的

作为陆生动物的人类，对海洋和天空充满了向往，于是我们利用各种各样的工具，最终实现了"上九天、下五洋"的壮举。其实我们人类并不是唯一具有好奇心和探索精神的物种，瑰丽的地球孕育了太多神奇的生命，这些生命勇敢地穿梭在不同的生存环境中。例如，青蛙可以在水陆两种环境中自如地生活，被称为两栖动物；企鹅作为鸟类放弃了飞翔，却征服了冰面和海洋，双翅不再用来在天空中翱翔，而成了划水的双桨。今天我们要介绍的这种鱼类与企鹅相反，它们在海中自如游泳的同时，还试图到空中飞翔！

作为鱼类，游泳能力是"出厂设置"，但飞翔，似乎就有点"开挂"的意味了。说起在天空中飞翔，我们能想到的是长途跋涉的候鸟大雁，是小巧灵动的昆虫蜻蜓，是进化出翼手的哺乳动物蝙蝠，是生活在远古时期的爬行类动物翼龙……飞翔能力并不罕见，但作为一种"高级技能"，似乎只会在某些特别高等或演化极为特殊的动物类群中出现。所以当说到鱼类在空中飞时，似乎还是让人充满疑惑。但大千世界无奇不有，就真有这么一些可爱的鱼儿升级了它们的"出厂设置"，玩起了飞翔，它们就是飞鱼。

飞鱼属于脊索动物门硬骨鱼纲银汉鱼目飞鱼科，迄今已知的飞鱼种类有 40 多种。飞鱼广泛分布在热带、亚热带和温带的温暖海域中，活跃在海洋表层，在广袤的大洋中并不罕见，在太平洋、大西洋、印度洋及地中海都可以见到它们飞出海面的飒爽身姿。可是作为鱼类，它们是怎么飞起来的呢？奥秘就在于飞鱼的身体构造！

飞鱼飞翔的第一个关键条件

和大多数在水体上层生活的具有很强游泳能力的鱼类一样，飞鱼身体呈纺锤型，头部呈流线型，这种体型可将水的阻力降到最低，使飞鱼耗费最少的能量就可以获得较大的游泳速度。大部分可以快速游泳

● 飞出海面的飞鱼

的鱼类，如金枪鱼、马鲛鱼、鲐鱼、草鱼、青鱼等，都是这种体型。空气和水都是流体，所以在很多物理特性上都相同，可以用流体力学的分析方法来分析飞鱼飞翔的奥秘。纺锤型的身体和流线型的头部在空气中同样可以减小阻力、降低耗能。飞鱼的体型是飞鱼飞翔的第一个关键条件。

🐟 飞鱼飞翔的第二个关键条件

所有的鱼类都长着鳍，我们都看过金鱼在水中游泳的曼妙身姿，都知道鳍在鱼类游泳时的重要性。鳍是鱼类的运动器官，鱼类的鳍分为两种：一种是不成对的鳍，包括背鳍、臀鳍和尾鳍；另一种是成对的鳍，包括胸鳍和腹鳍。这些鳍在鱼类游泳时发挥的作用不尽相同，其中背鳍和臀鳍主要起平衡作用，左右成对的胸鳍和腹鳍主要负责转向和平衡，前进的动力则主要来自尾鳍，相当于轮船后部的螺旋桨推进器，尾鳍也负责转向。

飞鱼胸鳍的构造不同于一般鱼类，它们胸鳍的上面是一个弓起的小曲面，下面则是平面，这种构造非常适合产生升力：空气无论从胸鳍的上面还是下面划过，其从胸鳍的前缘到后缘的直线距离都是相同的。当胸鳍在空气中划过时，因为胸鳍的上面是凸起的曲面，上方的气体滑过的路程较下面远，滑动速度就比下面更快，根据空气动力学原理，流体速度越快，压强越小。因此，飞鱼胸鳍的上面和下面就产生了压力差，即空气对胸鳍下面的压力大于上面，于是空气就对胸鳍产生了抬升力。

飞鱼胸鳍的形状与飞机侧翼和鸟类翅膀的形状类似，其上面微微凸起，呈曲面，鸟类的翅膀上面也是凸起的曲面。翅膀的这一结构就是为了提高升力。宽大的胸鳍加上腹鳍的辅助，再加上特殊的胸鳍构造，大大增加了飞鱼在空气中的浮力，这是飞鱼飞翔的第二个关键条件。

🐟 飞鱼飞翔的第三个关键条件

鸟类、昆虫、蝙蝠的飞翔动力来自它们不停扇动的翅膀，以此获得升力（浮力）和前进的推力，但飞鱼飞翔时，其胸鳍和腹鳍并没有像鸟类或者昆虫那样上下扇动，而是直直地固定在身体的两侧，直到落回海中。也就是说，飞鱼在空中并不是真正地飞翔，而是滑翔。滑翔机滑翔需要足够大的初始动力，那么飞鱼滑翔的初始动力从何而来呢？秘密就在飞鱼的尾鳍上。

● 圆鳍

● 平鳍

● 叉鳍

● 新月鳍

鱼类尾鳍的主要功能是通过左右摆动为鱼类前进提供推力，以及与胸鳍等配合实现转向、后退和掉头。尾鳍的形状决定了尾鳍的工作效率，圆鳍、平鳍、叉鳍、新月鳍所提供的推力依次增加，但机动能力，即转向、后退和掉头的能力依次降低。

新月鳍，顾名思义，鳍型如新月（弯月）一般，是金枪鱼、旗鱼等大型远洋性长距离游泳的鱼类所拥有的尾鳍。对于小型鱼类来说，叉鳍已经是游泳速度非常快的鱼的尾鳍了。飞鱼的尾鳍正是叉鳍。其尾鳍分叉很深，而且上下不对称，下半叶比上半叶长，而且非常坚硬，这样的结构更有利于将尾部左右摆动的力高效地转化为前进和向上的动力，而且在身体主干离开海面时仍然可以提供推力。这是飞鱼飞翔的第三个关键条件。

飞鱼的飞翔过程

在水下，飞鱼将胸鳍和腹鳍先收起来，以便降低海水的阻力，飞鱼整体像一颗待发的子弹，体型流畅光滑，此时尾鳍快速摆动，身体获得较大的向前、向上的速度。一旦冲出水面，胸鳍和腹鳍就迅速张开，像飞机机翼一样呈现滑翔姿势，尾鳍继续快速摆动，拍打水面，以获得额外的推力，直到尾鳍完全腾空，离开水面，此时，飞鱼获得了很高的滑翔初始速度。当身体整体都离开水面来到空中时，飞鱼展开的胸鳍和纺锤型的身体相配合，使气流加速流向尾部，并且在腹部形成升力，在惯性作用下，飞鱼在空中画出一道漂亮的抛物线状的滑翔轨迹，飞出一段距离后又落回海中。

飞鱼飞翔背后的原因

飞鱼的食物是浮游生物和更小的海生动物，空中并没有它们的食物，而且每次飞出海面都要耗费大量的能量，平时还要消耗营养以长出硕大的胸鳍。既然这样，飞鱼为什么还要从海里飞出来呢？其实，这应了那句俗话，"百果必有因"，动物的所有行为都是有目的的。飞鱼华丽飞行的背后有着"无可奈何"的原因。原来，飞鱼飞行是为了逃命，它们的飞行技能，是在逃命过程中被迫进化出来的。飞鱼是海洋表层的小型鱼类，而且常常群居，是很多凶猛的捕食性鱼类眼中的珍馐，如鲨鱼、金枪鱼、鱼箭鱼鳅等。在漫长的自然选择和生存竞争环境下，飞鱼就进化出了跃出水面飞行逃生这种躲避敌害的技能。每当在海里遇到敌害攻击时，飞鱼便会腾空而起，奋力跃出海面，逃离危险区域，让天敌在水中无踪可寻。

虽然飞鱼能暂时逃离海中天敌的追捕，但空中也并非绝对安全的避难所。很多海鸟发现了飞鱼的这一习性后，便在空中对飞鱼虎视眈眈，守株待兔。由于飞鱼飞出海面后只能滑翔，不会飞翔，而且其滑翔轨迹相对固定，这为海鸟捕捉飞鱼提供了很好的机会。空中的海鸟一旦发现有飞鱼飞出海面，便利用自身高超的飞翔能力俯冲下来，张开大长喙捕食滑翔的飞鱼。奋力飞出水面的飞鱼又立刻成了海鸟的猎物，真是下有追兵，上有伏兵，腹背受敌。在空中捕食飞鱼的主要是海鸥等海鸟。飞鱼很胆小，受到惊吓时也会飞出海面。当轮船航行时，发动机的轰鸣和震动也会惊动飞鱼，于是很多飞鱼就飞出海面。

很多鸟类发现了这个规律，因此，只要有轮船航行，很多海鸟就跟在轮船周围等待飞鱼，顺便可以在轮船的桅杆上歇一歇。这也是军舰鸟名字的由来。虽然为了躲避海中大型鱼类的追捕，飞鱼飞得越远越安全，但飞得越远，离水的角度也就越大，飞鱼就越容易被空中的海鸟发现进而被捕获，因此飞出海面的飞鱼通常都是贴着水面滑翔，出水角度较小，这样不容易被空中的海鸟发现，还可以利用汹涌的海浪躲开海鸟的追捕。

飞鱼可以在海中以 10 米每秒的速度跃出水面，滑翔十几米甚至更远的距离。它还可以做连续滑翔，每次落回水中时，有力的尾部又可以将身体再次推起。目前为止，人类观察到飞鱼在空中的最长停留时间为 45 秒，最远飞行距离为 400 多米。飞鱼的这些特性都是在应对海中和空中天敌的漫长的演化过程中形成的。飞鱼应对天敌的另一个策略是大量繁殖，个体相当多，一部分被捕食后仍然可以繁衍种族。

我国南海海域处在热带，也是飞鱼的重要产地。如果有机会在南海上乘轮船旅行，一定要到船舷边上欣赏飞鱼，看一下这群精通流体力学的小精灵，同时也欣赏一下海鸟们在捕食飞鱼时所展现的高超的俯冲飞行技能。

海洋的温度

12月份，我国北方已是冰天雪地，渤海湾的海面上有很多地方已经结冰。在我国一级保护动物斑海豹的保护区里，有时会在海冰上看到可爱的斑海豹宝宝。而这时的海南岛，气温仍然很高，人们可以跳进三亚的海里畅快地游泳，或者在教练的陪同下潜入水中，欣赏小丑鱼、蝴蝶鱼等。下潜越深，就感觉水温越凉，看到的动物也不一样。同样是冬季，同样是大海，为什么南北方水温差别这么大？同样在三亚，为什么海面的水温和海底的水温也有差别呢？要想找到问题的答案，我们需要先了解海洋表层水温的水平分布变化。

我们知道，地球上热带地区的气温最高，海南省是我国最热的省份，冬天平均温度大约是 20 摄氏度，是冬季人们的避寒旅游胜地；而极地地区终年寒冷，最冷月的平均气温低于零下 20 摄氏度，最暖月的平均气温也不超过 10 摄氏度。海洋的表层水温也是按热带、亚热带、温带、寒带顺序呈现逐渐降低的规律。海洋的表层水温与大气的气温呈现同样的变化规律。

冬至之后，太阳垂直照射在地球上的位置会重新北上，在春分日回到赤道，夏至日到达北回归线，循环往复。

在夏至日（每年的 6 月 22 日前后），太阳光垂直照射在北纬 23°26′，我们把这条纬线称为北回归线，这是太阳光直射在地球上最北边的界线。北回归线穿过了我国的云南省、广西壮族自治区、广东省等。

太阳辐射

太阳是太阳系的中心，也是整个太阳系的热源，太阳通过阳光辐射将热量源源不断地输送到地球表面的空气和海洋表面，不断地加热空气和海洋。太阳光线垂直照射到某地时，加热效果最明显，随着太阳光线入射角度逐渐变小，加热效果就会逐渐降低，所以太阳光线对不同纬度海洋的海水和空气的加热效果是不同的。由于公转和自转轴有夹角，在不同季节，地球正面面对太阳的地区不同；在同一地区，随着时间的变化，接收到的太阳辐射也在变化，这就形成了季节变化，也造成了水温和气温在地球表面上的水平分布变化。

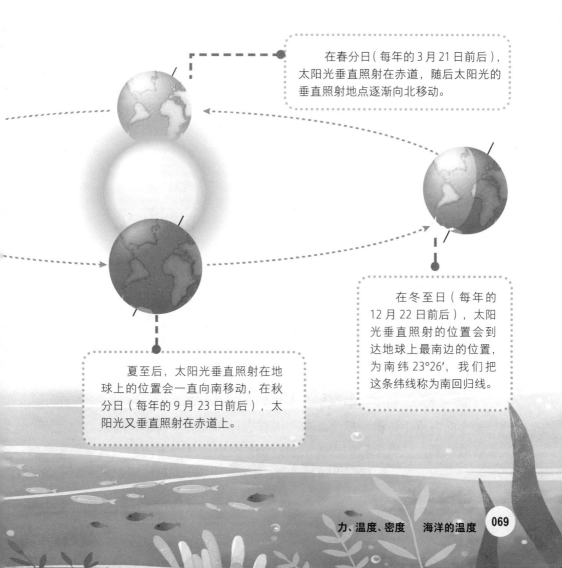

在春分日（每年的 3 月 21 日前后），太阳光垂直照射在赤道，随后太阳光的垂直照射地点逐渐向北移动。

在冬至日（每年的 12 月 22 日前后），太阳光垂直照射的位置会到达地球上最南边的位置，为南纬 23°26′，我们把这条纬线称为南回归线。

夏至后，太阳光垂直照射在地球上的位置会一直向南移动，在秋分日（每年的 9 月 23 日前后），太阳光又垂直照射在赤道上。

🐢 海洋水温的水平变化

低纬度海区太阳光入射角度大，海水接受的太阳光辐射大，温度高。随着纬度的升高，太阳光入射角度逐渐减小，高纬度海区海水受到的太阳光辐射随之减小，海水温度也逐渐降低。如果在世界地图上把海水表层全年平均温度相同的点连成线（称之为"等温线"），可以看到这些线大致与纬线平行，在地图上呈条带状，温度也随着纬度的升高而降低。而且，等温线随着季节的变化北移或者南移。这就是海洋表层水温的水平分布变化规律。

等温线的弯曲说明海水温度变化除受到太阳光线的影响之外，还受其他因素的影响，如洋流和风。由于海气相互作用，空气与海水会进行热量交换，南北向的风会带走或补充海面的热量，从而影响海洋表层的海水温度。同理，洋流的流动也会将一个海区海水的热量沿洋流方向输送，由于陆地的阻隔等因素的影响，很多洋流是南北向的或者是上升流与下沉流，这些洋流将大海翻滚、搅动，影响了海洋表层海水等温线的走向。例如，在赤道北侧形成的北赤道暖流到达亚洲大陆后会向北流动，在太平洋西岸形成一股强劲的暖流，称为黑潮。黑潮会将热带海区的高温海水带到中纬度的温带地区，于是海水等温线在太平洋西岸就向高纬度地区弯曲。不同洋流交汇时也会发生能量传递，整个世界的大洋通过海流联系在一起。

那么，全球有没有水温最高和水温最低的海洋呢？

根据检测，位于非洲东北部与阿拉伯半岛之间的红海是世界上水温最高的海，其表层海水的年平均水温为 17 摄氏度，8 月份表层水温可以达到 27 ~ 32 摄氏度。而北冰洋是全球四大洋中水温最低的大洋，其表层海水的年平均水温大约为零下 1.7 摄氏度，冬季时整个北冰洋表层便会结厚厚的冰，到夏季时冰层才会部分融化。

🐢 海气的相互作用

在同一地区，如果气温高于海洋表层水温，由于温差的作用，空气中的热量会向海水中传输；反之，如果海洋表层水温高于气温，海水会向空气中释放热量，这就像我们点火加热食物，热量会从火苗传递到食物中一样；我们在冬天握住暖水袋会感觉到暖意，也是因为热量从暖水袋传递到了手上。两个相互靠近或者接触的物体之间存在温度差时，热量就会从温度高的物体传递到温度低的物体，从而加热温度低的物体。最终，两个物体会达到相同的温度，这种现象在物理学上称为"热平衡"。

住在海边的人都有这样的体验：在天气相对平静的日子里（没有台风、强降雨、剧烈寒流），白天站在海边，会感到微微的海风从大海吹向陆地；而到了晚上，会感到习习的陆风从陆地吹向大海。这就是海气相互作用和陆气相互作用在小尺度（短距离、小区域）上的具体体现。之所以出现白天海风向陆地吹而晚上陆风向海上吹的现象，就是因为海水的比热大于陆地上的土壤、植被和建筑物的比热。当上午太阳升起之后，阳光辐射并加热大地和海洋，同一地区同样面积的海洋和陆地接收的阳光辐射热量是相同的，于是比热的不同就决定了海水升温慢而陆地升温快。升温快的陆地比海面更快地加热了地面上的空气，陆地上的空气比海面上的空气更快地膨胀和升温，地面上的空气变得更稀薄，使得气压降低，海面上的气压相对较高，而空气总是从气压高的地方流向气压低的地方，于是微微的海风吹向了陆地。相反，太阳落下之后，海面和陆地不再接收阳光的辐射，于是海洋和陆地将白天吸收的热量释放到空气中。由于海水的比热容更大，更多的热量释放到海面的空气中，使得海面空气受热膨胀，气压降低，而陆地上的空气气压高于海面，于是习习的陆风吹向海洋。

同样，在大尺度（远距离，大区域）上的海气相互作用和陆气相互作用会造成更强的海洋与大气和陆地与大气的相互影响，从而造成天气的变化，而剧烈的变化会形成台风、寒潮、强降雨等强对流天气。

海洋水温的垂直变化

接下来谈一谈海洋水温的垂直变化。

如果搭乘我国第一艘载人深潜器"蛟龙"号深潜，就能亲身感受到海洋水温的垂直变化。随着载人深潜器下潜深度的增加，载人舱中的人会感受到舱内气温在降低。比起浅海，深海水温要低得多，尤其在热带至温带地区更为明显。因此保暖衣物是乘载人深潜器下潜时必须带的。那么深层海水的温度和表层海水的温度究竟相差多少呢？不同深度的水温温差是如何造成的呢？这仍然要从太阳辐射说起。

上文中我们了解了影响海水表层温度水平分布规律的主要因素，包括太阳辐射、洋流、风等。海水温度的垂直变化（随深度的变化）也与太阳辐射有关。由于海水及海水中的物质的折射、反射、吸收等，太阳光线射入海水后会迅速衰减，只能到达海水上层。即使在天气晴朗时，太阳光垂直射入清澈的海水，最多也只能到达约 200 米水深处，由于海洋中不同水团之间界面的反射、散射，200 米水深以下还能检测到非常微弱的太阳光线，但这些反射光、散射光过于微弱，人眼看不到，1000 米水深以下便再也检测不到任何太阳光线了。而在近岸，由于海水中悬浮物较多，海水透明度低，直射光和反射光到达的深度更浅。深海是完全黑暗的，深海的海水由于失去了太阳光辐射，水温就会很低。

不同深度的海水由于水体密度等条件的限制，混合较少，传递较慢，造成不同水层的水温随深度增加而逐步降低，形成温度的梯度。这就使得水深越深，水温越低。

表层的海水受太阳光辐射，温度较高，就会与下层的海水产生温度差。温差和热平衡效应促使表层的海水再将热量传递给下层的海水。在赤道及其附近的低纬度海区，一整年里太阳辐射强度都很大且时间较长，表层的海水水温很高。

300~1000 米深水层中的海水温度迅速下降，在表层的高温海水以下有一个温度"速降"水层，称为温跃层。深层的海水与表层的海水之间的温度差足足有 20 摄氏度！

到了 1000 米深度以下的无光区，水温不再下降，稳定在 0~4 摄氏度。在两极及附近的高纬度地区，由于太阳光的入射角度小，表层的海水温度低，几乎与深层的海水温度相同，海水温度的垂直变化幅度非常小，保持在 4 摄氏度以下。

值得庆幸的是，即使在深海，由于地球内部的热量和垂直洋流对海水的混合，海水水温也不会低于 0 摄氏度，不至于结冰，使得海洋生物仍然可以畅游海中，从海水中获得营养物质，从而不断繁衍生息。

近年来，全球气候变暖已成为需要全人类共同面对的严峻问题。气候变暖使得陆地冰川和两极的冰盖大面积融化，造成海平面上升，一些岛屿会被逐渐淹没，直至消失，海岸

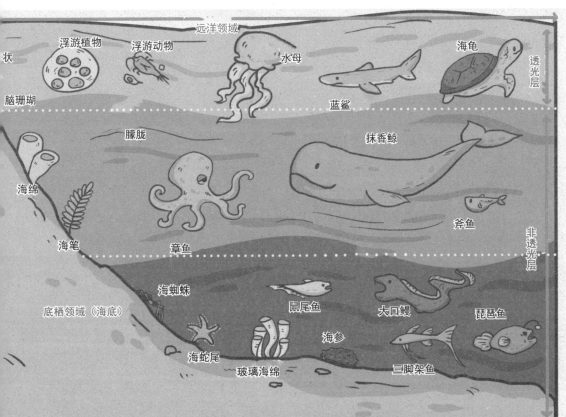

向陆地深处退缩，很多海洋生物的生活也会受到影响。例如，北极的冰面减小，很多北极熊失去家园；一些海洋生物形成的海洋生态灾害，如频繁发生的浒苔暴发、大型水母暴发造成的灾害。

科学家们已经意识到，两极巨大冰川的融化会导致气候进一步变暖，而气候变暖又会造成海冰更快地融化。冰层和海水吸收的太阳光能量是不同的，正如在夏天穿深色的衣服比穿浅色衣服更容易感觉到热，因为深色会吸收更多的太阳光热量。同理，冰层能够将更多的太阳光反射回太空中，而冰层融化，导致颜色更深的海水更大面积暴露，使得更多的太阳光能量被吸收，进一步引起局部地区的变暖。这也是北极升温速度是全球其他地区两倍的原因之一。冰雪的融化会导致更多的热量被吸收，气温升高，蒸发量增加，大气中水蒸气增加，进一步加强温室效应，气温升高又会进一步加剧冰雪的融化，从而形成恶性循环。科学家已经做出预言：21 世纪内北极夏季的海冰可能会完全融化。

因此，在当前，防止全球气候进一步变暖比历史上任何时期都要紧迫。

冰山一角

1912 年 4 月 10 日，一艘由英国建造的当时世界上体积最大、内部设施最豪华的客运轮船——泰坦尼克号，志得意满地开始了它的首次航行，它将横跨北大西洋，由英国的南安普敦驶往美国纽约。

4 月，正值北半球的春季，北极冰川开始融化，形成了很多冰山，漂浮在北大西洋上。4 月 14 日，海面上风平浪静，行驶在北大西洋中的泰坦尼克号正以 22 节每小时（约为 40 千米每小时）的速度快速航行。

午夜，因为没有月光，海面上漆黑一片，借助轮船上的灯光，瞭望员弗雷德里克·弗利特发现远处有"两张桌子大小"的黑影在以很快的速度变大，他立刻抓起电话报警："正前方有冰山！"可是，已经来不及了。

虽然为轮船做了紧急转向、减速等操作，但由于船体太大、船速太快，巨大的惯性使轮船右舷猛烈地撞向冰山，轮船被撞开了一条大口子，冰冷的海水迅速灌入船舱。排水量近 5 万吨的超级游轮在短短两个小时内就沉没了，造成了 1500 多人死亡的巨大而惨烈的海难事故。

瞭望员看到的"两张桌子大小"的冰山其实只是冰山露出水面的一角，冰山隐藏在水下的部分要比这一角大得多，冰山露出水面的部分就是人们常说的"冰山一角"。

为什么冰山只露出水面小小的一角呢？要了解这一点，就要从水的密度说起。

水的密度的物理特性

自然界中的物质通常有三种状态，即固态、液态和气态。物质的分子在三态中的排列方式有很大区别，通常情况下，处于固态时分子排列最紧密，处于液态时次之，处于气态时排列最松散。

某种物质的密度是指这种物质单位体积的质量。物质在不同状态时的密度与其分子的排列紧密程度密切相关，因此，通常情况下，物质处于固态时密度最高，液态时次之，气态时最低。例如，日常用来做饭的液化气，主要成分是丙烷和丁烷，常温下是气体，将这些气体在高压下强行压缩在液化气罐中，气体密度提高了，变成了液体，但我们在使用时，通过特殊装置减压，使其慢慢释放出来，又变成气体，气体燃烧释放热量。

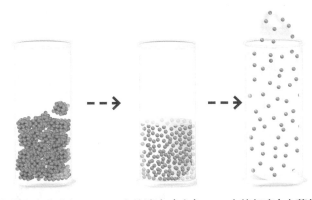

水的固态（冰）

随着温度进一步下降，水的密度开始降低，在0摄氏度时变成冰，密度也降为0.917克每立方厘米。

水的液态（水）

在正常的大气压下，将室温（如20摄氏度）下的水冷却时，水的密度会随着温度的降低而稍微增大，到3.98摄氏度时，密度达到最高值1克每立方厘米。

水的气态（水蒸气）

水的三态的密度并不是严格按照上面讲的固态、液态和气态的顺序依次降低的，而是随着温度有一个特别的变化。

虽然冰是水的固态，但其密度小于液态水，即同样体积的冰要比同样体积的水稍微轻一些。因此，将冰放在水中，冰会漂在水面上。

🐾 海水的浮力

　　海洋上的冰山漂在海面上还有一个原因：海水中有盐分，因此海水的密度在常温常压下要略高于纯水的密度。在开阔的大洋上海水的平均密度为1.026克每立方厘米（等于1.026吨每立方米），而冰山是固态水，几乎不含盐分，其密度大约是0.917克每立方厘米（等于0.917吨每立方米），稍微低于海水，到了海里，就只能漂浮在海面上了。

　　固态水的密度小于液态水的密度，因此海上的冰山会漂浮在海面上。等到春暖花开，气温上升，太阳辐射增强时，浮在水面上的冰因获得热量而融化。但是，如果水的密度变化也跟普通物质一样，固态时的密度高于液态时，那么冰就会沉到海底，即使春暖花开，太阳辐射增强，空气中的热量也不能或者很不容易到达海底，沉到海底的冰就很难融化，于是海底的冰就会越来越多，最后海洋和湖泊就会被冰完全冻住，海洋和湖泊里的生物就不能生存了，也就没有现在地球上丰富多样的水生生物世界了。正是由于水的这一与其他物质不同的奇妙的物理性质，即冰的密度小于水，才拯救了地球上的水资源，才使得海洋成为生命的摇篮，让江河湖海中一派生机盎然。这让我们不禁感叹，大自然的造化真是奥妙无穷啊！

原来是因为冰的密度小于水，才使得冰能浮在水面上。那么能不能通过冰山露在水面上的部分推算出冰山有多大呢？

浮力 物体在流体（液体和气体）中受到的与其所受到的重力方向相反的力，即流体对该物体在垂直方向上的托力。

密度 物质单位体积内的质量，是物质的重要性质之一，每种物质都有一定的密度，不同的物质通常有不同的密度。

● 钓鱼

原来是这样呀，怪不得一座看起来"小小"的冰山能撞沉泰坦尼克号。所以有时候看事情，不能只看表面。

　　人们用"冰山一角"形容冰山露出水面的部分。那这一角究竟有多大呢？我们可以根据阿基米德定律来算一算。

　　假设一个冰山的总体积是 A 立方米，冰山漂浮在海面上，露出了冰山一角，为 B 立方米，那么冰山排开的海水的体积就是 $(A-B)$ 立方米，将被排开的海水的体积换算成重量，就是冰山所受到的浮力，即：

$(A-B) \times 1.026$

　　而冰山的总重量为：

$A \times 0.917$

　　由于冰山是漂浮在海面上的，处于静止状态，既不上浮也不下沉，冰山的总重量与所受到的浮力相等，处于平衡状态，根据阿基米德定律，冰山排开海水的重量与冰山的总重量相等，即：

$(A-B) \times 1.026 = A \times 0.917$

　　经过计算得知，冰山一角的体积 B 与冰山总体积 A 的比值大约是 $1.06:10$，也就是说，冰山一角的体积约占冰山总体积的十分之一。由此可知，冰山的绝大部分是浸在海水中的，从海面上看也就只能看到整个冰山的十分之一，占整个冰山很小的一部分。

　　泰坦尼克号撞上的冰山，大部分在海面以下，不容易被人们发现，因此酿成了巨大的海难事故。

为什么说死海不死

死海位于以色列和约旦之间的大裂谷——约旦裂谷之间，是世界上海拔最低的内陆湖泊，含盐度为一般海水的 8.6 倍，没有生物能够在死海中存活，甚至沿岸的陆地上也少有除水草外的生物，这也是人们将其命名为死海的原因之一。

传说大约 2000 年前，罗马统帅狄杜进军耶路撒冷，攻到死海岸边后下令处决俘虏来的奴隶。奴隶们被投入死海后，并没有沉到水下，反被波浪送回了岸边。狄杜勃然大怒，再次下令将俘虏的奴隶扔进海里，但是奴隶们依旧安然无恙。狄杜大惊失色，以为奴隶们受神灵保佑，只好下令将他们全部释放。这就是"死海不死"的故事。

🦐 死海的物理性质

其实，这些被俘虏的奴隶之所以没被淹死，与死海海水的特殊物理性质有关。死海是世界上海拔最低的湖泊，像一个巨大的集水盆地，西岸是高大的犹太山地，东岸是约旦高原。约旦河从北流入死海，将陆地上的盐分带入死海，而死海所处的陆地气温很高，水分蒸发也很快，加上这里干燥少雨，年均降雨量只有 50 毫米，而蒸发量却能达到 1400 毫米，所以约旦河补充的水量也是微乎其微，因此，死海海水中的含盐量变得越来越高，含盐量越高，海水的密度就越大。

密度是物质的一个物理性质，其定义是单位体积内物质的质量。我们知道，盐的密度高于水的密度，也就是说，同样体积的盐的质量要大于纯水的质量。因此，当水中溶解了大量的盐时，其密度就明显高于纯水的密度了。

● 同样体积的盐水的质量大于纯水的质量示意图

🐛 浮力与密度

　　物体进入水中后会有三种状态: 漂浮、悬浮、沉底。物体之所以能在水中漂浮，是因为受到了水的浮力的支撑，浮力的大小与物体浸入水中的体积及水的密度成正比。物体由于地球的吸引而受到的力叫作重力。根据阿基米德定律，液体对在液体

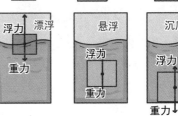

● 物体在水中的三种状态示意图

内的物体的浮力，即液体对该物体与重力方向相反的作用力，等于该物体排开的液体的重量。由此可以推论，当物体的密度小于水的密度时，物体会漂浮在水面上；当物体的密度等于水的密度时，物体会悬浮在水中；当物体的密度大于水的密度时，物体会沉入水底。

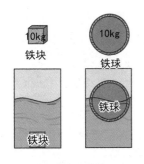

● 浮力与密度示意图

　　浮力跟物体的密度有关，密度与物体的质量成正比，与物体的体积成反比。例如，将铁块放入水中，铁块会沉入水底，即使一块非常小、非常轻的铁块，放在水里也会沉底，因为铁块的密度远大于水的密度。但如果将铁块做成一个皮很薄的空心大铁球，那这个空心大铁球是会漂在水面上的，这并不是因为铁的密度变小了，而是因为虽然重量相同，但铁球的体积远大于铁块的体积，同样质量的情况下，体积越大，密度越小，因此，铁球的整体密度变小，远小于铁块，也小于水的密度，于是就漂起来了。船舶就是根据这个原理设计出来的。

　　据测量，常温下纯水的密度为 0.998 克每立方厘米，人体的密度约为 1.000 克每立方厘米，海水的平均密度为 1.026 克每立方厘米，而死海里水的密度约为 1.270 克每立方厘米。

　　人体的密度与纯水的密度接近，但在死海里就不一样了，由于死海的含盐量很高，其密度远大于纯水，也就远大于人体的密度。仅部分浸在死海中的身体所排开的水的重量就等于人体的体重了，所以人就漂在水面了。这就是"死海不死"故事中讲的被俘虏的奴隶不会被淹死的真正原因。

会游泳的同学应该都有体会，猛吸一口气然后憋住，身体就会在水中浮起来，这是因为吸入空气后肺扩张使身体体积变大，排开了更多的水，身体受到的浮力变大，便可以浮起来了。因为海水密度比淡水略大，所以人在海水中漂浮比在淡水中更容易。

虽然人体的密度与纯水的密度相近，还稍低于普通海水，人在水中的浮力可以将人体浮起来，但必须将人体完全浸在水里才会产生与人体体重相近的浮力。而将人体完全浸在水中，人会呛水，所以，不会游泳的人千万不可随便下水。

虽说人在死海里很容易漂浮，但是在死海里游泳也是很危险的。死海的水比海水含盐量高得多，一旦死海的水溅入眼睛，因为液体在眼细胞的细胞膜内外形成很高的渗透压，细胞内的水会被吸出来，而细胞外的水中的盐分会进入细胞，从而损坏眼睛，进入鼻腔的海水还会损伤游泳者的鼻黏膜。所以，即使到了死海，也不可随便下水游泳。

操纵浮力的能手——鹦鹉螺

很多海洋动物会利用海水的浮力使身体在海水中上浮或者下沉，从而扩大猎食范围或者逃避不良环境，例如，鹦鹉螺就是操纵浮力的能手。

鹦鹉螺的结构十分复杂。外壳由许多腔室组成，除最外面一个腔室用于其肉体居住外，其他腔室均是空的，可以充满气体，也可以充满海水。腔室之间有隔膜分隔，细细的室管穿过隔膜将各室连接起来，气体和水流通过室管流进流出。鹦鹉螺通过吸水和排水，对不同数量的腔室注入空气或海水来控制其自身密度的大小，从而控制浮力，神奇地实现上浮和下沉。

● 鹦鹉螺

● 潜水艇

潜水艇就是模仿鹦鹉螺上浮和下沉的方式制造出来的。发明潜水艇的人根据鹦鹉螺的构造，在潜水艇内设置一个专门的浮力调整水舱，用于注入或排出适量的水。当浮力调整水舱注满水时，重量增加而体积不变，潜水艇从水面潜入水下。当把水舱内的水排出时，潜水艇重量减小且体积不变，于是潜水艇从水下浮出水面。

我国的载人深潜器"奋斗者"号已在马里亚纳海沟 10909 米深处成功坐底！现在，人们想要在海底遨游已经不是什么难事，未来我们说不定还可以遨游海底两万里，探索海洋中更多的奥秘！

〰️ 知识小卡片

重力 物体受到的地球的吸引力。因为施力物体是地球，因此物体的重力方向总是竖直向下，指向地球的重心。

渗透压 由具有透性的膜或物质隔开的两种溶液，浓度高的溶液中的溶质总是趋向于流向浓度低的溶液中，而浓度低的溶液中的溶剂总是趋向于流向浓度高的一侧的溶液中。这种趋向对于两种溶液之间的膜或隔开物形成的压力就是渗透压。

阿基米德定律 也叫浮力定律，浸在流体中的物体受到的浮力大小等于该物体所排开的流体所受的重力。该定律由古希腊学者阿基米德于公元前 200 年发现。

海水为什么这么咸

海水到底是什么味道的呢？在海里游过泳的朋友们都知道 海水又咸又涩！海水为什么是咸的呢？这是因为海水中溶解有很多氯化钠，也就是我们通常所说的"盐"。可是陆地上的江河湖海大都是淡水，为什么到了海里却成了咸水呢？海里的"盐"都是从哪儿来的呢？

盐度

让我们先来认识一个名词——盐度，盐度是指海水中溶解的盐类总量占溶液总量的比值。地球上海洋的平均盐度是35‰，也就是说，平均1000克的海水中就有35克的盐，这里所说的盐可不仅仅指我们做菜用的食盐（主要成分是氯化钠）。海水成分非常复杂，地球上已发现的94种元素中有80多种都能在海水中找到，所以海水又咸又涩。

海水变咸的原因

自然界水循环的过程就是蒸发—降水—径流的过程。在蒸发环节，水蒸气中的水是淡水，水蒸气脱离海水时并没有带走盐分，而水通过降水过程到达地面，以及在江河湖泊里流动的过程中，将陆地土壤中可以溶解的盐溶解、吸收，再随着江河流到海洋中，因此江水和河水也都是盐水，只是它们的盐度非常低。

在水循环的过程中，陆地的盐分不断地被带到海洋，海洋中的水也不断地将海底洋壳中的盐分溶解到海水中，这样年复一年，经过亿万年的聚集，海水的盐度就平均达到了35‰。降水环节是淡水的转移过程，由于地球表面的71%都是海洋，大部分的降水其实直接回到了海洋，为海洋补充了淡水。

在径流的环节，落在陆地上的降水流经地表，渗透土壤、岩层等，将地表、土壤、岩层中的一部分盐和矿物质带入海洋，因为河水的盐度远低于海水，再加上海上的降水以及冰川、冰山的融化，都在一定程度上降低了海水的盐度。

也就是说，地球上最初的海水应该是淡水，但是海底岩层中的盐会在海水中溶解，海底火山的喷发也会将地壳中的一些盐带到大海中，加上来自陆地河流中的盐，慢慢地海水就变咸了。

海水不会越来越咸

既然海水蒸发没有带走盐，那海水岂不是会越来越咸？事实上，根据科学家们的实测及对古海洋生物体和海洋沉积物的研究发现，虽然在不同海域、不同深度海水的盐度不同，但是海洋的平均盐度在很长的时间内是比较稳定的。海洋是怎么做到盐的"收支平衡"的呢？难道它能像人一样把多余的盐分"消化"掉吗？

(1) 世界上盐度最高的海是死海吗？

死海是内陆湖泊，不是海，而且在内陆湖泊中死海的盐度只能排到第三。盐度排在第一的是南极洲的唐胡安池，其平均盐度超过 400‰。

(2) 海水中的盐度均匀吗？

不均匀。在海洋表层，盐度从亚热带海区向高、低纬度海区递减，赤道区域降水丰沛，两极附近有冰川冰山融水，河口附近有陆地盐度相对较低的河水注入，这些区域海水的盐度都要低一些。从水深情况来看，海洋表层的盐度最大，其次是深层，中层的盐度最小。

(3) 在海上，如果淡水用光了，能用海水解渴吗？

不能。海水的盐度远高于人体细胞液的盐度，喝进肠道里的海水，会因盐的浓度差而抢夺人体原有的水分，也就是说，人体细胞内的水分会渗出细胞，以达到内外的盐度平衡。本来喝水是为了给人体补水，喝盐水却变成了让身体脱水，越喝越渴。另外，海水中的盐不只含有氯化钠，还有大量其他的盐类、矿物质、微生物、细菌、有机物等，这些成分大多对人体有害。

是的，海水中的一部分盐分被海洋生物"消化"掉了，海洋生物通过自身的生命活动吸收、分解着海水中的部分盐分，不断调节着海水的成分；海水中另一部分盐通过海水的运动被消耗掉了，纵然没有"消化"，却把它们"吐"掉或"排泄"掉了。研究表明，当海浪翻滚时，激起的气泡会将小部分盐粒释放到大气中，随着气流离开海洋。据测算，每年全球海洋通过这样的方式被带走的盐达到几十亿吨。同时，海洋中可溶性盐类不断增加，它们之间会发生化学反应并生成不可溶的固体化合物，这些化合物沉入海底，有的成为海底的一部分，有的在热液喷口附近，沿着大洋中脊渗透，加入海陆之间的循环。这些"吐"盐和"排"盐的过程不容易被观察到，但有一些现象我们还是能看到的，例如，我们会看到一些退化的海岸或海盆附近，海水已蒸发殆尽，露出了大片白色的岩滩或者红色、白色、黄色等的晶石，这些都是海洋"排出"的各种各样的盐，根据不同的种类，它们可以被用来提炼食用盐、制作化肥、建筑材料和工业制品等，是很有价值的材料资源。

由于海洋生物和海洋运动等的调节作用，世界上海水的成分自古生代以来就处于平衡状态。所以海水并没有越来越咸，海洋在用自己的方法，让盐度一直保持平衡，说起来，海洋生物也在为自己生存的环境贡献着力量。

煮海为盐

"盐田万顷莺歌海，四季常春极乐园。驱遣阳光充炭火，烧干海水变银山。"郭沫若先生参观海南岛莺歌海盐场时写下此诗。"海水变银山"生动地描绘了盐农在盐场晒盐时"煮海为盐"的壮观场景。

制盐历史

制盐在我国已经有几千年的历史了，山东盐场在春秋战国时期就开始生产海盐。起初人们采用盘煎和锅煮的方法从海水中提取盐，但是这种方法不但操作复杂，而且获得的盐量低、质量差。随着人们对制盐认知的不断加深，从明代开始使用海滩晒盐的制盐方法。《天工开物》

● 天工开物

中记载："海丰有引海水直接入池晒成者，凝结之时，扫食不加人力，与解盐同。但成盐时日，与不藉南风则大异。"这种制盐方法与现代制盐方法已经极为相近。

● 盐堆

现代盐田

现代盐田包括蒸发池和结晶池。盐农在涨潮时让海水流入蒸发池，然后堵住出口。经过长时间的风吹日晒，海水不断蒸发，蒸发池中的盐的浓度不断升高。盐农将含高浓度盐的海水再引入结晶池，继续让水分蒸发并搅拌海水，池底就会出现一层白白的盐。

🌊 海水的盐度

盐农何时才会将海水引入结晶池呢？在结晶池中最终能得到多少盐呢？要想得到答案，我们必须知道一个物理量——盐度。

盐度用来近似地表示海水的含盐量。海水的平均盐度大约是35‰，也就是说，平均1千克海水中就有35克盐。将海水引入结晶池时，海水基本要达到水所能溶解盐的最大值，即饱和状态。常温状态下1千克食盐水最多含有265克食盐，含盐量为26.5%。虽然食盐与海水中的盐成分不同，但可以用于粗略计算。

假设蒸发池的储水量为1万立方米（约等于1万吨），在被太阳暴晒的过程中，蒸发的主要成分是水。那么通过计算得知，约蒸发8680吨水（约为流入蒸发池的海水总量的7/8）后，余下的海水中的盐度达到饱和状态（余下的海水所能溶解的盐分达到了最大值）。也就是说，当蒸发池中的海水还剩大约1/8的时候，就可以将海水引入结晶池了。根据计算，1万吨海水在理论上可以制得350吨盐，但是在生产过程中难免会有损耗，实际的产量会比350吨少得多。

此时获得的盐是粗盐，不能直接食用。因为海水的成分十分复杂，除含有氯化钠（日常食用的食盐的主要成分）外，还有很多其他物质，如溴盐和镁盐等。所以，还需要对粗盐进一步加工才能得到我们日常所用的食盐。而加工过程中去除的"杂质"会被进一步加工、分离，成为盐业的副产品。随着科技的不断进步，人类可以从副产品中提取出很多元素，制作成其他产品，不仅使盐农获得更多的收益，还能更好地利用海洋资源。

🧂 盐的种类

无论工业用盐还是生活食用盐，并不是只有海盐这一种，还有湖盐、岩盐、井盐等。

湖盐，顾名思义，是从湖里提取的盐。陆地上的湖泊按含盐量可以分成两类，一类是盐湖，湖水含盐量很高，例如，青海省的青海湖是我国最大的盐湖；另一类是淡水湖，湖水不含盐或含盐量小于1‰，例如，江西省北部的鄱阳湖是我国最大的淡水湖。

● 岩盐

湖水制盐与海水制盐的工艺基本相同。对于有的盐湖，由于淡水补充量远小于湖水蒸发量，所以湖水越来越少，湖面越来越低，湖边的湖床就露出来了，湖水盐分过高，大量析出的盐分就沉积在露出的湖床上。还有一些盐湖完全干涸了，只留下盐分在湖床上，这种情况下就不用晒盐了，直接从湖床上开采即可，再经过加工去除杂质，获得盐。

岩盐，就是矿盐，从盐矿直接开采出来的盐。有的盐矿是盐湖干涸之后形成的，通常在远离海洋的内陆或空气非常干燥的地方，如我国的新疆、青海等地；有的盐矿则是由于地壳变动、地质演化在岩层中形成的含盐量很高的矿层，通常是在数百米深的地下。由于岩盐一般是在远离繁华都市的地区或者深埋地下，污染少、纯度好、杂质少，所以是相对清洁、绿色的盐。

井盐是通过打井的方法开采地下卤水获得的盐，生产井盐的竖井叫作盐井。地下卤水就是含盐量很高的地下水。当盐矿埋藏很深时也可以通过向盐矿中注水，使盐矿化为卤水，再将卤水抽到地面上进行加工。利用卤水制盐的工艺与海盐的制作工艺类似。四川省是地下卤水资源较丰富的省份，四川的井盐开采在北宋时期就全国闻名，且盐的品质享誉世界。

🐾 盐的用途

生活中盐的用途十分广泛，牙膏中的盐可以去除牙垢，防止蛀牙；生理盐水可以用于杀菌；洗洁精中也有盐，用来清除油渍。盐在工业中还有一个更响亮的名号——化学工业之母，它是非常重要的化学工业原料，用于冶炼金属及制作合成材料，连我们身上穿的衣服，平时看的书都需要在工艺中添加盐来制作。

盐不但是化学工业之母，组成盐的化合物氯化钠也是人体必需的化合物。氯化钠参与了人体的很多生理活动。如果人体缺盐，短时间内会食欲不振、精神萎靡，时间长了，就会引起人体细胞外液渗透压失衡、电解质紊乱、酸碱平衡失调等，进而导致器官受损。但如果盐的摄入量过多，也会引发各种疾病，如高血压、心血管疾病、糖尿病等。根据世界卫生组织的建议，每人每天以食用 6 克盐为宜，这既满足了生理需要，又不至于食用过量。

探秘海底湖泊

　　在丛山之间，有一池微波荡漾的碧水，水中有游鱼，岸边有绿树，这是我们对于湖泊最基本的印象。可让人没想到的是，海水之下竟然也可能存在湖泊，即海底湖泊，也就是海洋底部盐度与周围海水差别很大的水形成的类似湖泊的水体。

　　我们通常认为，水是相融互通的，不管是糖水还是盐水。放在一起总会不断融合，最后变成均匀的液体，在一片水体中怎么会有不相融的两部分水呢？这在以前是无法想象的，直到有研究人员在海底目睹了这一奇观，并将这堪称魔幻的发现公布后，人们才相信海底也有湖泊这一神奇的海洋现象。

🐟 盐卤池

　　近年来，在墨西哥湾、红海、地中海、黑海和南极大陆架等海域均发现海底湖泊，这些湖泊大多分布在 1000 ～ 3000 米深的海底。

　　墨西哥湾海底的大型盐卤池在 1005 米深处，这个近乎圆形的盐卤池，周长约 30 米，深 3.6 米。

● 从海中向下俯拍的海底

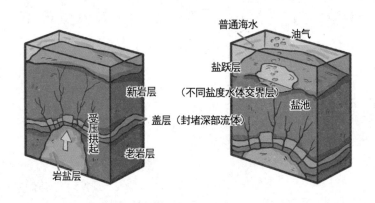

● 盐卤池的形成过程示意图

盐卤池就是含盐量非常高的池，池中水叫作盐卤水，盐度是普通海水的 3 ～ 10 倍，是一种灰白色的浑浊液体。盐卤水的密度比周围正常海水高很多，自然就会与上层海水形成鲜明的分界线而沉降在海底。池中的物质会形成结晶，慢慢在周围形成一堵围墙，将池中水围起来，从而形成了盐卤池。

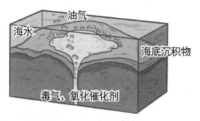

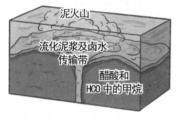

● 内部流体喷射、溢出过程示意图

盐卤水的来源

这些盐卤水是从哪里来的呢？就墨西哥湾来说，其海底的岩层下有亿万年前积累的几千米厚的岩盐层，岩盐层并不稳定，在海水和上方岩层沉积的巨大压力下流动，遇到岩石层的裂隙，高浓度的盐卤水就会渗出来。海底沉积物或岩盐层中还会释放出甲烷等气体，这些气体从池底喷射而出，也会顺势带出更多的盐卤水，就像一个个小型的炸弹爆炸一样，在盐卤池上方形成蘑菇云。

盐卤池中高盐、无氧，有大量的甲烷，甚至还含有硫化氢等剧毒物质，简直就是"死亡之池"。在盐卤池周围散落着很多误入其中的生物尸体，很多生物一旦靠近致命的盐卤池，它们的生命将永远定格在那一刻。

盐池边缘地带的生物

然而生命总是出乎我们的意料，仔细观察，你会发现海底湖泊并非一片死寂。在盐卤池的边缘地带那密密匝匝的是沙砾吗？其间好像还有什么东西在晃动？是的，"汝之蜜糖，彼之砒霜"，就在那些误入池中丢了性命的生物尸体旁，数量惊人的巨大贻贝围绕在盐卤池边缘，它们的寿命可达百年。在贻贝丛中还有各种觅食的虾、蟹，看着它们悠闲自在的模样，仿佛不远处池中的残骸是一个幻觉。

有一种名为通鳃鳗的鱼类，也许是饥饿驱使，它们在盐卤池上方游荡，甚至不时地在这致命的池水中钻入钻出，寻找食物。由于上方的海水近乎透明，通鳃鳗给人一种在空中飞翔的错觉，没有翅膀的蛇形生物也能"飞翔"在海底，这样的景象让人称奇。但钻入盐卤池这样冒险的行为不能持续太久，盐卤水会使通鳃鳗出现中毒性休克，它们抽搐着把自己打成一个结，短暂地丧失了游出盐卤池的能力，若不能在沉入盐卤池底之前恢复，它们就会沉没在浑浊的盐卤池中。

除肉眼可见的生物外，盐卤池内还有极度嗜盐的古菌。在盐卤池及周围的环境中，微生物和海洋上方沉积下来的有机碎屑是它们的食物来源，这样的极端环境也能孕育生命，真让人慨叹生命的顽强和奇妙。

除了盐卤池这样的高盐湖泊，在海底有没有盐度低于正常海水，甚至是淡水的海底湖泊呢？答案是肯定的。如果在某处海底，地下水的水量较大，就会在海底形成淡水或低盐水海底湖泊。这样的湖泊将成为人类新的淡水资源。

科学家们对海底湖泊及其周边特殊的生态系统投入了很大的研究热情，有些人认为这种极端环境可以作为外星球发现水源的预设或者对照。无论如何，海底湖泊的发现打破了人们原有的认知，让我们的视角不断延伸，也让我们更加真切地感受到了自然的神奇与奥秘，领会了爱因斯坦的那句名言：科学是永无止境的，它是一个永恒之谜！人类对自然的不懈探索，是科学最大的魅力所在。

《《 知识小卡片

密度分层 由于流体中的物质混合不均匀、深度不同、扩散不彻底等原因引起的不同层面的物质的密度差异现象。

声、光、电磁

　　我们所熟悉的声、光、电到了水中就会表现出不同的特质。比如声音，我们在陆地上或海面上听到的激烈的海潮声，到了水面以下就变成舒缓的汩汩的水声；太阳光，跨越 1.5 亿千米的距离来到地球表面，仍然明亮炽热，可一旦进入海洋就仿佛被无情的大口吞噬，仅仅几十米深度，光线就变得斑驳陆离、晦暗不明，200 米以下更是如永夜般黑暗；还有那些磁异常海域的恐怖传说……

海洋里的洪钟大吕
——座头鲸

在南极洲的一个小岛附近，灰蒙蒙的天空下，一望无际的海面上漂浮着碎冰块。一只成年海豹吃饱喝足之后，跃上了一块浮冰，慵懒地卧在上面休息。

一头虎鲸发现了浮冰上这只落单又毫无警觉的猎物，并告知了身旁的同伴。它们悄无声息地一步步靠近浮冰。配合默契的虎鲸们围住了这块浮冰，发出嚣张的长啸，领头鲸一声令下，虎鲸们纷纷用尾巴拍击水面，制造出巨大的海浪，浮冰剧烈地摇动着。一旦浮冰被掀翻，海豹就会被猎杀，可谓危在旦夕。被惊醒的海豹意识到自己正处于孤立无援的绝境，于是它一面发出悲哀的鸣叫声，一面左顾右盼，祈盼同伴出现。

这时，奇迹真的发生了，一声洪钟大吕般的吼声传来，只见浮冰附近升起了一片灰色的背鳍，一头巨大的座头鲸迅速浮出了水面，它一边大声吼叫，从鼻孔喷出高高的水柱，一边冲入虎鲸的包围圈，用自己的身体破开虎鲸进攻海豹的路线。座头鲸滚雷般的吼声在海水中传开，并且传得很远，不但吓住了眼前的虎鲸们，也通知了自己的同伴。没过一会儿，听到求援警报信号的另一头座头鲸也从远处赶来，吼叫着应和同伴，加入了救援队伍。就这样，两头座头鲸成功威吓住了虎鲸。面对两座小山一样的庞然大物，虎鲸群无可奈何，只能悻悻退去。

接下来，座头鲸好事做到底，将海豹护送到一片开阔的冰面，看着它上岸，逃脱绝境。

其实引来座头鲸的并不是海豹的呼救声，而是虎鲸自己暴露了围猎行动。虎鲸在追踪猎物的时候，往往是非常安静的，但是一旦开始攻击，就会大喊大叫，通过特定的声音与同伴

● 海豹在浮冰上休息

互相配合，捕捉猎物，同时也给猎物以巨大的恐惧感，让猎物惊慌失措，失去反抗能力。座头鲸就是听到了虎鲸捕猎的叫声才得到信息的。

● 座头鲸

声音的传播

那么，座头鲸是怎么听到远处虎鲸的叫声的呢？这就要从声音的传播说起。

我们可以做一个关于声音的小实验，准备一盆水和一个音叉，将音叉敲响后放入水中，可以看到音叉振动带动周围的水振动，形成了一圈一圈的水波纹，并向外传播。从这个小实验可以看出，声音由物体的振动产生，以波的形式传播。

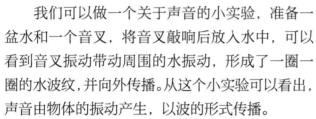

我们可以和小伙伴面对面自如地对话，说明声音能在空气中传播；即使和小伙伴在不同的房

● 音叉振动带动水振动

间，我们也可以通过提高音量使对方听到自己的声音，说明声音也能在墙壁中传播；钓鱼的时候要尽量保持安静，因为我们的声音会吓跑水中的鱼，说明声音还能在水中传播。

声音能在气体、固体和液体中传播，在物理学中，我们把能传播声音的物质称为介质，声音的传播需要介质。在太空中，因为没有传播声音的介质，所以两个宇航员哪怕离得很近，也不能用声音传播信息，只能通过肢体语言或者无线电通话。相反，声音在海水中可以进行远距离传播，对于听觉灵敏的座头鲸，可以听到几千米以外虎鲸捕猎的叫声。

座头鲸就像海洋里的超级英雄，无论对于海豹、灰鲸，还是翻车鱼、北海狮，只要座头鲸听到虎鲸捕猎它们的声音，都会循声而去。座头鲸甘当保护神，一次次地保护着像海豹这样的动物免遭虎鲸的猎杀。

座头鲸的特点

座头鲸虽然不是世界上最大的鲸类，但也算是海洋中当之无愧的庞然大物，最大的雌性座头鲸有 18 米长，25 ~ 30 吨重。座头鲸的个头与虎

●座头鲸

鲸相比，如同非洲草原上的成年大象与狮子，它有力的尾鳍一旦拍在虎鲸身上，虎鲸非死即伤。

座头鲸的头部相对较小，下巴出奇地大，像一个大箱子，而上颚又薄又平，像盖子一样盖在下巴上，上颚外表面还有很多很大的瘤状凸起，因此被称为座头鲸。

座头鲸还拥有鲸类中最长比例的胸鳍，也就是前肢，成年座头鲸的胸鳍可以达到 5 米多，几乎是它体长的三分之一，因此座头鲸也被称为"大翼鲸""长臂鲸""长鳍鲸"等。座头鲸的背鳍很低，整个背部向上弓起，形成一条曲线，因此也被称为"驼背鲸""弓背鲸"。

当然，座头鲸最令人称奇的是它能发出 7 个八度音阶的音，而且可以像人类一样唱歌，是鲸类中名副其实的歌唱家。它们每年有 6 个月每天都要唱歌，歌声纯正优美。更有意思的是，不同海域的座头鲸群相遇时还会互相交流歌唱心得，互相学习对方的"传统曲目"和"歌唱技巧"。

座头鲸虽然体型巨大，但其食物主要是体长不到 1 厘米的小型甲壳动物——磷虾，还有毛鳞鱼、玉筋鱼等小型鱼类。座头鲸属于须鲸类，没有牙齿，但在应该长牙的颚上长着一排密密的鲸须。进食时，它们张开大嘴，上颚和下巴能形成 90 度夹角，嘴巴的横径可以达到 4.5 米，而且下颚还可以暂时脱开关节，下巴上的皱褶也会张开，这样能最大限度地撑大嘴巴，不但可以吞下最多的海水，而且可以防止海水中的磷虾、小鱼跑掉。它们一口吞下的海水达几吨重，闭紧嘴巴后，收缩下巴上的皱褶，将海水通过鲸须挤出，把磷虾等食物留在口中。

座头鲸性情温顺，通常成对或成群活动，每年进行有规律的南北洄游，以便追逐最大的磷虾种群，而磷虾量跟浮游植物量有关，也就是跟光照的辐射强度有关。所以，座头鲸的洄游实际上是跟海域的季节有关。

《《知识小卡片

声波 声音的传播形式，是由声源物体振动产生并通过其他物体传播的一种机械波。人耳可以听到的声波的频率一般在 20 赫兹至 20000 赫兹。高于 20000 赫兹的声波为超声波，低于 20 赫兹的声波为次声波，人耳听不到。

介质 可以传播波状运动的物质。可以传播声波的物质就是声波的介质，如空气。

来自大洋深处的声音

● "奋斗者"号

  2012 年，我国第一艘载人深潜器"蛟龙"号曾经在马里亚纳海沟创造了载人深潜器深潜 7062 米的纪录。2018 年，我国的第二艘载人深潜器"深海勇士"号在中国南海深潜到 4500 米的深度。在此之后，人们翘首以盼的就是万米级载人深潜器"奋斗者"号了。

  2020 年 10 月 10 日，载人深潜器"奋斗者"号搭乘它的母船"探索一号"，与"探索二号"一起，从海南省三亚市的码头启航，向东南方向驶往世界上水深最深的海域——马里亚纳海沟所在的海域，开展万米深潜试验任务。"奋斗者"号的目标是——突破万米深度，坐底马里亚纳海沟，开展科考调查。10 月 27 日，"奋斗者"号成功在马里亚纳海沟下潜至 10058 米水深处，首次突破了万米水深，实现万米深潜。

2020年11月10日，又一个深潜奇迹诞生了。北京时间8时12分，"奋斗者"号在马里亚纳海沟成功坐底，坐底深度为10909米。这不但刷新了它在十多天前刚刚创造的10058米的深潜纪录，也创造了全世界载人深潜器所达到的最深深潜纪录。更重要的是，科学家乘坐"奋斗者"号在这个深度进行了4个多小时的深水环境科学考察工作，这是人类在地球上最深的地方进行的第一次实地探险考察。

"万米的海底，妙不可言。我们希望能够通过'奋斗者'号传回的画面，向大家展示万米海底壮观奇妙的景象。"这是从万米深海底部传来的、执行该潜次任务的潜航员清晰的声音。

🌸 声音在深海如何传出

在万米深海，声音是怎么传出来的呢？

在陆地上，我们通过有线电话或者手机可以轻松地实现通信。"奋斗者"号离开母船到海中以后，就成为完全独立的潜水器，没有电缆与母船相连，因此，无法使用有线电话进行通信。而海水会吸收电磁波，电磁波在海水中传播时，其强度会随着传播距离的增加而迅速衰减，很快就消失了，因此，也无法使用无线电进行通信。那么深海中深潜器里的潜航员是如何与母船上的同伴进行通话的呢？

原来，深潜器中的潜航员与母船上同伴之间的通话是通过"奋斗者"号深潜器搭载的声学通信系统实现的。这个系统是充分利用声波在水中的传播特点研发出来的。声波不但可以在水中远距离传播，不会失真，而且传播速度远大于其在空气中的传播速度。海豚、鲸等海洋动物就是利用声波来获取周边海水环境信息并与同伴交流的。声学通信系统的发明正是受到海豚、鲸类声呐系统的启发，把声波在水中的传播特点巧妙地运用到了海上探测和通信设备中。

声音在不同介质中的传播特征不同。我们把声音传播的快慢称为声速，表示声音单位时间内在介质中传播的距离。声速与介质的种类有关，例如，水中的声速大于空气中的声速。声速还与介质的温度有关，在相同的介质中，温度越高，声音传播得越快。一般来说，声音在15摄氏度的空气中传播的速度为 340 米每秒，而在 15 摄氏度的水中传播的速度为 1500 米每秒。也就是说，在同样的温度下，声音在水中传播的速度比在空气中更快，而且传播的距离更远。水是非常有效的声音传播介质。

当潜航员乘坐"奋斗者"号进入深海时，会使用声学通信系统与科考船上的同伴进行交流。这一通信系统也是"奋斗者"号与其母船"探索一号"之间有效通信的桥梁。如果没有其他潜水器或水下机器人协助通信，声学通信系统就是母船和深潜器之间唯一的沟通渠道。

声学通信系统的工作原理

声学通信系统的工作原理是，将话筒接收到的潜航员的声音信号（声波），转变为电信号（电磁波），去除噪声信号后，再把电信号转变为低频率的声音信号，通过深潜器上的声呐天线发射到水中，以声波的方式被海面科考船上的声呐天线捕获，声呐装置将声波再次转变为电磁波，经过放大、还原处理，再转变为我们可以听到的声音信号，这样就实现了潜航员和母船上同伴之间的通话。

声波　　　　电磁波　　　　　声波　　　　　　电磁波　　　　声波

● 声学通信系统远程通信过程示意图

同样，母船上人员的声音也可以通过声学通信系统传递到深潜器中，被潜航员听到。这个通信过程经历了由声波转为电磁波，电磁波转为声波，声波转为电磁波，电磁波再转为声波的过程，从而实现了海洋中的远程通信。

在这个过程中，电磁波的传递全部在金属导线这一介质中，而信息的远距离传播则完全是通过声波在海水中传递的，从而避免了电磁波在海水中被吸收、衰减而丢失信息，同时充分利用了声波在海水中的传播速度远比在空气中快的优点。声学通信系统不仅可以传播潜航员的声音信息，还可以实时传送文字和图像信息，其传播原理相同。

　　"奋斗者"号的声学通信系统是我国自主研制的，成功实现了"奋斗者"号载人深潜器与"探索一号""探索二号"母船之间的通信，将海底的科考调查画面实时传送到海面科考船上，是我国深潜科考事业的一个巨大技术突破！

🌸 声学通信系统的缺点

　　声学通信系统在载人深潜器深海考察的通信中也是有缺点的，因为声波在水中的传播速度大约为 1500 米每秒，远低于电磁波大约 30 万千米每秒的传播速度，因此，深潜器下潜得越深，潜航员与母船之间的通话延时会越长。以"奋斗者"号在海底 10909 米处坐底时通过声学通信系统与母船通信为例，深潜器与母船的垂直距离为 10909 米，声波的传播时间大约为 7.3 秒，也就是说，潜航员在深潜器中说话，母船上的同伴最快也需要 7 秒多之后才能听到。一些无人有缆深潜器则利用光缆进行深潜器与母船之间的通信。例如，我国"科学"号科考船上配载的"发现"号无人有缆深潜器，与母船之间有缆绳相连，缆绳中有光缆，电磁波在光缆中以光速传播。因此，在"科学"号科考船上的操纵者的指令信号会以光速传到"发现"号上，操纵"发现"号采集样品和影像，指令信号可以达到实时传递，几乎察觉不到延时。

〽️ 知识小卡片

　　声呐 一种利用声波在介质中传播以及遇到物体会反射的传播特性，通过发出声波装置和接收反射声波装置进行导航和定位的技术。声呐发出的声波通常是超声波。很多动物，如蝙蝠、鲸类等利用声呐进行导航和定位，搜寻猎物，发现天敌。

海的颜色

在大海中航行时，一眼望去，是无边无际的蓝色海面，或隐或现的白色浪花像无际蓝色上的条纹。海与天在极远处一线相交，深蓝与浅蓝在那里融为一体。

我们在绘画时，会习惯性地拿起蓝色的画笔去描绘海面；写作文时，往往会写"蓝色的海洋"。可是当我们舀一杯海水——无论是黄海的还是东海的，无论是太平洋的还是北冰洋的，我们都会发现，海水是无色透明的。难道是因为这一点点海水不足以显示出蓝色？当海足够大，海水足够多时，颜色就会发生变化？

海色和水色

海色和水色，听起来好像是一回事，但其实是两个完全不同的概念。

海色，指的是我们平常所能看到的大片的海面的颜色。海色常常因天气的变化而变化：晴空万里时，海面总是蓝得耀眼；太阳快落下时，海面又会被装点成闪闪发亮的金色；当大雨或风暴来临时，海面又会显得灰暗、阴沉，好像在酝酿一场骇人的灾难。这一切都是光的魔术，这些变化的颜色不是海水本来的样貌，而是与海面上环境的颜色密切相关，是海面对海面以上景物的反光，也可以说是由海水对阳光的吸收、反射、散射等形成的。

海水的水色，指的是海洋水体本身所呈现出来的颜色。

我们平时所看到的灿烂的阳光，其实并不是单一的白色，透过三棱镜，阳光会被分成红、橙、黄、绿、青、蓝、紫七种颜色。

不同颜色的光，波长各不相同，红色光的波长最长，而紫色光的波长最短。海水在对不同的光进行吸收或者散射时，有明显的选择性。

> ### 知识小卡片
>
> **光波** 光以波的形式传播。可见光的波长范围在 400 ～ 760 纳米，不同波长的光表现出不同的颜色，波长由长到短依次为红、橙、黄、绿、青、蓝、紫。光的传播速度，即光速，是一个物理常数，约为 30 万千米每秒。既然光速是个常数，那无论什么波长的光，其传播速度都是相同的，因此波长长的可见光的波动频率就小于波长短的可见光的波动频率，即可见光的频率由高到低依次为紫、蓝、青、绿、黄、橙、红。

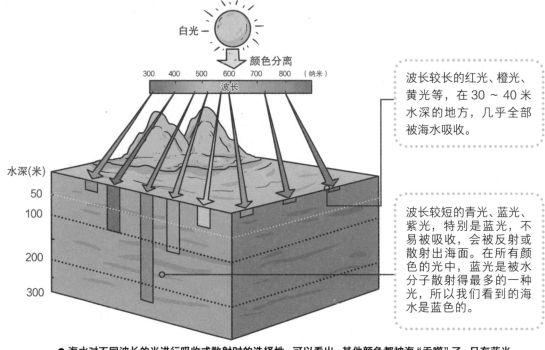

白光

颜色分离

波长较长的红光、橙光、黄光等，在30～40米水深的地方，几乎全部被海水吸收。

波长较短的青光、蓝光、紫光，特别是蓝光，不易被吸收，会被反射或散射出海面。在所有颜色的光中，蓝光是被水分子散射得最多的一种光，所以我们看到的海水是蓝色的。

● 海水对不同波长的光进行吸收或散射时的选择性。可以看出，其他颜色都被海"吞噬"了，只有蓝光、绿光和青光继续在海水中旅行，所以我们看到的海水是蓝色的。

当我们潜入大海 20 米及以下深度时，看到周围的物体基本都呈现出蓝绿色调。有的生物身上有五颜六色的花斑，但在 20 米以下的海洋里，如果不借助特殊的照明灯，仅仅利用海面上投射下来的太阳光观察它们的话，我们看到的这些生物的花斑是明暗不同的蓝绿色花斑，只有把它们带到海下 10 米以内，它们的本来"面目"才会呈现出来。

影响海水颜色的因素

当然，影响海水颜色的因素还有很多。首先是太阳光的强度，阳光越强烈，海水透明度越大，水色就越明亮，光透入海水中的深度就越深。随着透明度的降低，海水会由青绿色转为更深沉的蓝色。此外，海水中的悬浮物，对海水透明度和水色也有很大的影响。在开阔的大洋中，悬浮物少且细小，海水透明度较大，水色也比近海更蓝；而在近岸的浅海地区，由于靠近大陆，悬浮物多且大，透明度就比较低，水色则多呈绿色、黄绿色，甚至浑黄色。

从地理分布来看，水色和透明度在不同纬度也有差异。热带、亚热带海区的水色多为蓝色，而寒带和温带海区的海水就显得不那么蓝了。同时，海水含盐量的多少，也是影响水色的一个因素，含盐分少，水色多为淡青色；含盐分多，水色多呈碧蓝色。

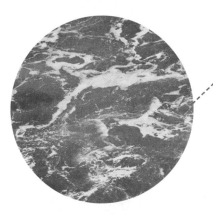

红海是位于印度洋的内陆海，它的表层繁殖着一种海藻，这些海藻死后是红褐色的，大量死亡的海藻漂浮在海面上，久而久之，整个海面就变得红彤彤的。不仅如此，在红海的浅海区域，还有不少红色的珊瑚礁，在它们的映衬下，海水越发呈现出红褐色，于是就有了"红海"的美称。

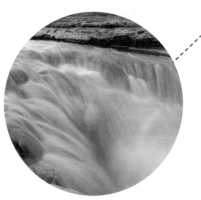

1855 年之前，黄河一直从江苏北部携带大量泥沙流入黄海，虽然在 1855 年，一次洪水泛滥后，黄河改道流入渤海，但长江、淮河等河流还是携带大量泥沙流入黄海。久而久之，海水的含沙量大，再加上黄海水浅，盐度较低，泥沙不容易沉淀，海水不能很好地吸收红黄光，"黄海"因此得名。

位于欧亚大陆之间的黑海，是一个典型的内陆海，由狭长的海峡与地中海相连。黑海本身含盐度比较低，水位比地中海高，所以黑海表层比较淡的海水会通过土耳其海峡流向地中海，而地中海又咸又重的海水则从底部流入黑海。这些重量大的底层水很少与上层水产生对流，导致底层水缺乏氧气，同时又含有大量有毒的硫化氢，上层水中的生物死后会沉降到底层，尸体便会腐烂、发臭。航行在海面上的人们若向下看去，就会发现海水的颜色是深深的青褐色，仿佛一潭死水。

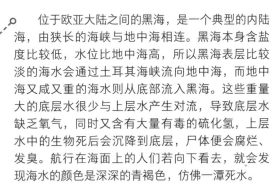

白海 位于北极圈附近，是北冰洋的边缘海。它的海水其实与普通的海水没什么两样，也是无色透明的。但由于高纬度地区气候严寒，常常被冰雪覆盖，白色的冰山在其中漂浮着，很少见到汹涌的波涛，远远望去一片洁白。

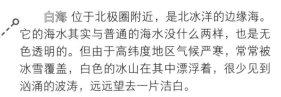

《 知识小卡片

溶解 通常指的是一种或一种以上的固体、液体或气体（溶质）以分子状态均匀分散于另一种液体（溶剂）的过程，这种混合物称为溶液，溶解又称为溶化。

为什么会泾渭分明

陕西省西安市是我国的十三朝古都，是中华文明的发源地之一，很多古代传说和成语典故都出自这里。西安北部高陵区的泾河和渭河交汇处是著名的旅游打卡地，是"泾渭分明"成语的出处。这个成语的原意是泾河和渭河呈现非常明显的水色差异，一条河非常清澈，另一条河非常浑浊，一眼就能看出差别，两河相遇，清浊毕现。观景的游客们可以在此温习"泾渭分明"的故事，听一听魏徵梦斩泾河龙王的传说，体验历史的长河自远古滚滚而来，从身边流过，又毫不停歇地向未来奔去。我们也常用"泾渭分明"来形容两件事物界限清楚、是非分明。

为什么会"泾渭分明"？同样是西安附近的河流，泾河和渭河为什么会有如此明显的差别呢？原因很简单，两条河所含泥沙量不同，悬浮物不同，造成河水的透明度不同，所以才呈现出不同的水色。泾河下方相对细窄、颜色偏绿，渭河上方相对较宽、颜色深而浊，真的是"泾渭分明"。

我们今天看到泾河水清而渭河水浊，以为这就是"泾渭分明"一词的来源，殊不知泾河、渭河的清澈与浑浊也几经变迁，多次互换角色。也就是说，泾河不是一直清澈，而渭河也不是一直浑浊。历史上有记载的泾渭清浊变迁至少有6次之多。这与两河的流域环境、流域内人类的生产活动、气候变迁和季节变换有关。

知识小卡片

水质 水的品质通常用水中溶解的物质含量为标准来衡量。海水水质检测的溶解物质通常包括各种重金属、盐度、营养盐、石油等。

悬浮物 悬浮在水中不溶于水的无机物、有机物、泥沙、黏土、微生物等固体物质。悬浮物是造成水浑浊的主要原因。

透明度 水清澈、透明的程度。透明度与水中悬浮物含量成反比。

泾渭河的变迁

从地理上看，泾河发源于宁夏，大部分流域都处于黄土高原，水土流失严重，而渭河发源于甘肃，离黄土高原较远，流经秦岭与黄土高原之间的关中平原，是所谓"八百里秦川"之地，所以泾河比渭河浑浊是很容易理解的，黄土高原最不缺的就是黄土。

在先秦及春秋战国时期，由于人口较少，人类活动对植被的破坏也小，那时渭河流域的水质比较清澈，因此是泾浊渭清。

黄
宁
夏
洛
泾
河
甘
河
山
肃
河
陕
西
渭
河
天水　　宝鸡　　咸阳　渭南　潼关
河
西

● 泾河和渭河交汇处

汉唐以后，中原地区成为中华民族繁华之地，以古都西安为中心的渭河平原人口增多，农业发展、生产活动增加，因此对植被的破坏加剧，这使得渭河两岸的水土流失日益严重，河水含泥沙量逐渐增大。相比之下，泾河虽然流经黄土高原，但黄土高原不适宜人类居住，人类活动少，植被破坏相对就小，因此泾渭的水色就掉了个个儿。

🌿 气候变化

历史上，中国这块土地上的气候也是一直在变化的，平均气温在大尺度时间（长期）上一直是波动的。温度低会影响农作物产量，同时影响降雨，而降雨是影响河水中泥沙量、腐殖质等悬浮物多少的关键因素。降雨对缺乏植被覆盖的泾河流域和有较好植被覆盖的渭河流域的泥沙冲刷强度不同，造成的水土流失也不一样。同理，不同季节黄土高原和秦岭的降水量、降水强度也不同，甚至同一季节的降水高峰在两河流域也有时差，即枯水期和盈水期在两河流域是有差别的。因此，泾河和渭河的清浊不但在不同时代（大尺度时间）有变迁，甚至在不同季节（小尺度时间）也有变化。于是，两河的水色也就反反复复地变动，一直持续到现在。

武汉两江交汇

🌿 两河交汇处的"泾渭分明"现象

"泾渭分明"现象并不是泾渭交汇处所独有的，只要两条河流交汇且水色差异较大，都有可能出现"泾渭分明"的现象。

重庆市朝天门的长江与嘉陵江交汇处、武汉市江滩的长江与汉江交汇处，都有水色分明的现象。黑龙江省同江市内的松花江与黑龙江交汇处，携带较多泥沙的松花江和携带大量腐殖质的黑龙江则呈现出"黄黑分明"的界线。

🌿 入海口的"泾渭分明"现象

在大江大河的入海口也能看到河水与海水"泾渭分明"的现象，特别是在泥沙含量高的河流的入海口，这种对比就更加鲜明，最著名的就是黄河入海口了。黄河发源于青藏高原巴颜喀拉山北麓，全长约 5464 千米，穿越中原腹地，滋养了中华文明，被称为"母亲河"。黄河是世界上含泥沙量最多的河流，每年它都会携带 12 亿吨泥沙东流入海，在入海口处形成"黄蓝相间"的奇观，这种"泾渭分明"的现象即使在高比例的卫星照片上也清晰可辨（渤海和黄海在某些交汇段会在特定的时间出现明显的界线）。

> 无论是两河交汇还是河流入海，都会因水质不同而在交汇处形成明显界线，随着流动交融，水色终究会均一。广阔的海洋上，不同海域之间也会因地势、洋流、生物等的不同，使得海水悬浮物不同而显现出不同的颜色，在交汇处形成明显的分界线。
>
> 小贴士

海水中的水色变化

　　海水中有些水色变化是正常的，有些却预示着海洋危机，其中最广为人知的就是"赤潮"。赤潮也叫红潮，它是海洋中某些浮游生物物种急剧繁殖后产生大量个体，使得海水水色随着该物种体色变化的现象。赤潮并不都是红色的，由于急剧繁殖的浮游生物种类不同，也有褐色、黄色或者绿色的，这些现象都被称为赤潮。

● 赤潮

赤潮的产生

　　赤潮大都与人类有关，与人类排入海洋的污染物成分有关。含有大量有机物的生活污水、工业和农业废水排入海洋后造成局部海域富营养化，不但会使一些生物因污染而被杀死，而且会使赤潮生物因大量突如其来的营养供应而快速生长（不同生物需要的营养物质是不同的），它们消耗掉水中大量的氧气，堵塞其他海洋生物的呼吸器官，使其在死亡后分解出有害物质，造成赤潮区大量鱼、虾、贝类死亡或者逃避。此外，沿海开发、海水养殖、海上航运，甚至全球气候变暖也都是赤潮产生的诱因。

绿潮的产生

　　绿潮是由海洋生物引发的海洋生态灾害。海面上漂浮的大量绿藻称为浒苔，浒苔的大量积聚不仅影响海岸景观，还会危害近岸和近海生态系统的正常运转。浒苔大量繁殖，不仅争夺营养物，还挤压其他海洋生物的生存空间。浒苔死亡后的腐烂物也会释放大量有害气体，危害其他生物。

● 绿潮

深海动物的流行色

　　"流行色"这个词来自时尚界，特别是服装设计领域。关注一下模特表演的服装或者注意一下大街上穿着打扮时尚的年轻人，特别是女性的服装颜色，就会发现，每年特别流行的颜色都不尽相同，有的年份是紫色，有的年份是黄色，还有的年份是红色或者绿色。每个年份流行的服装颜色就是当年的流行色。海洋动物有各种体色，我们不妨看一下海洋动物的流行色是什么。

浅海动物的颜色

　　海洋生物学家通过调查发现，在浅海生活的动物身体的颜色是五颜六色的，不但有红、橙、黄、绿、青、蓝、紫等颜色，而且用这些颜色组合出了各种各样的花纹，漂亮极了。

● 浅海动物身体的颜色和花纹

深海动物的颜色

深海动物身体的颜色通常比较单调，通体多为白色、红色、黑色，甚至是无色透明的，而且很少有花纹。这是为什么呢？

任何生物的形态和体色都与其生活环境密切相关。深海动物也不例外，它们的身体颜色之所以较为单调，而且多偏红色、白色、黑色和透明色，与深海的极度黑暗环境有关，这是这些动物亿万年来逐渐适应黑暗的深海环境的进化结果。

● 几种深海动物身体的颜色

可见光的波长

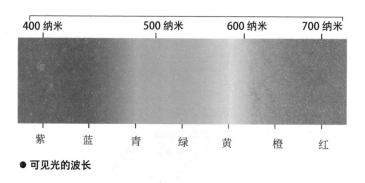

可见光谱

400 纳米 　　 500 纳米 　　 600 纳米 　　 700 纳米

紫　　蓝　　青　　绿　　黄　　橙　　红

● 可见光的波长

　　可见光可以被分解为红、橙、黄、绿、青、蓝、紫 7 种不同颜色的光，这 7 种色光的波长正好是按顺序依次缩短的，也就是说，红光的波长最长，而紫光的波长最短。波长越长的光，在传播时越容易穿透空气和水，越不容易被空气中的空气分子和尘埃或水中的水分子所阻挡而不容易发生散射，因此，波长越长的光传播得越远。相反，波长越短的光，越不容易穿透空气和水而更容易发生散射，因此，波长越短的光传播得越近。

　　这如同湖面上水的波纹，如果波纹的波长很长，即两圈波纹之间的距

离很宽，水波就容易跨过湖面上的障碍物，继续向远处扩散；如果波长很短，即两圈波纹之间的距离很窄，水波就容易被障碍物挡住，例如，水波被水面上露出的大石块甚至漂在水面上的树叶挡住，不易通过障碍物继续扩散。

● 不同波纹遇到同一障碍物的传播效果

海水的层次

　　直射的太阳光在清澈的海洋里最多可以照射到 200 米深处，因此，从海面到 200 米深的海洋上层被称为透光层。

海洋中的海水并不是完全均匀分布的，由于来源不同，盐度和温度等也不同，海水以很多水团的形式存在，多个较小的水团会缓慢融合，形成更大的水团。可见光进入海水后会被水团之间的界面反射，多次反射后，太阳光最多可以照射到 1000 米深处，因此，从 200 米到 1000 米深的海水层被称为弱光层。

在 1000 米以下的深海中，就检测不到任何太阳光了，无论是直射的太阳光还是反射的太阳光。因此，1000 米以下的海洋是极度黑暗的世界，被称为无光带。深海无光带并非绝对没有光，只是没有太阳光。像前面提到的，一些浮游动物或底栖动物为了捕食、求偶、寻找同类、阻吓天敌等，会发出微弱的荧光，另外，海底火山爆发时发出的光也会在瞬间照亮海底。

红色动物

由于红光的波长最长，因此在深海中的一些动物，如某些底栖鱼类、虾类或者蟹类，为了在极度黑暗的深海中能够利用极其微弱的海底荧光找到伴侣和同类，其身体颜色会逐渐演化为红色或以红色为主的色调。

白色动物

身体为白色的深海动物通常是没有眼睛或者是用视觉求偶、寻找同伴的种类，而且大多是固着生活的，如海绵或生活在热液和冷泉环境中的白蟹。白色动物不需要合成色素而让身体呈现可见的颜色，从而节省了合成色素的能量和物质。另外，生活在热液和冷泉这样的特殊环境中，与环境中依靠化学能生活的细菌共生不需要视觉，身体也就不需要有颜色了。

黑色动物

黑色的深海动物是为了安全，把自己隐藏在极度的黑暗中，不让天敌或者猎物发现，在避开天敌的同时也有更多的机会捕食猎物。

来自海底生物的光

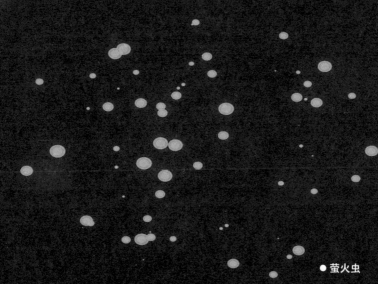

● 萤火虫

当黑夜降临，特别是在没有月亮高悬的夜晚，一切都被夜幕"染"成了黑色，大海也不例外。但有些时候，人们却在夜晚看到海面发出幽幽的蓝光。

2020年10月27日，辽宁省葫芦岛市望海寺海边就出现了罕见的海水发光现象。漆黑的夜空下，泛着蓝光的层层海浪涌向岸边，大海犹如进入了魔幻世界，遇到沙滩或礁石，浪花的蓝光就更明显了。有游客向这片海水中扔进了一块石头，立刻激起一圈泛着蓝光的水花，仿佛大海中住着小精灵，被突然造访的石头惊吓到了，猛地亮起了光。

生物发光

这其实是海洋中发光的微小浮游生物聚集群，在海浪或其他物理因素的刺激下出现的生物发光现象。那么，生物发出的光与我们生活中照明的光有什么不一样呢？

生物发荧光

生物发出的光是荧光，荧光是一种"冷"光，因为它们发光时并不会放出热量。研究人员发现，生物发光本质上是一种效率极高的化学反应，几乎在一瞬间，生物细胞将化学能转化成光能，产生可见的光，转化效率达到95%以上。而我们生活中用的普通电灯泡通电时，只有7%～13%的电能变成了可见的光，其余电能都变成了热能和不可见的光。当然，现在有很多节能灯的转化效率大大提高，但也比不上生物发光的效率。

生物发光的物理特性

生物发出的光还有一些不同寻常的物理特性。

一是发光的颜色。海洋中生物发出的光多呈现蓝色或绿色。有些生物发出的光的颜色会随着环境的改变而改变。

二是发光的强度。一般来说，海洋中浮游生物发出的光较微弱，个体发光很难被人类的视觉所察觉，可一旦大量的浮游生物聚集在一起并同时发光时，就能产生可见光了。这就是我们观察到的海水发光现象。

三是发光的持续时间。各种浮游生物发光的持续时间长短不一，最短的是夜光藻，只有0.1秒。研究表明，一些生物发光的持续时间与刺激强度有关，刺激越强，发光持续时间越长。

生物发光用来作诱饵

海洋是发光生物高手云集的地方，特别是深海中，75%的生物都有自行发光的能力。如果我们潜入阳光照不到的黑暗深海，伸手不见五指，唯独看到远处像有一个小灯泡在发光，你是不是想游过去一探究竟呢？深海中有很多小鱼就是这样想的。在黑暗的深海中看到这光亮以为是美食，游过去本想要饱餐一顿，不承想在这光亮之后却是长着獠牙利齿、张着大口的鮟鱇鱼，小鱼自然就成了鮟鱇鱼的美餐。

鮟鱇鱼又叫琵琶鱼，人们称其是"会钓鱼的鱼"，这是因为在鮟鱇鱼的头部上方有一根特殊的鳍条，很像钓鱼竿，在钓竿顶端有一个会发光的肉质器官，像一个小灯笼，充当钓饵。鮟鱇鱼会在大门附近摇晃"钓饵"，引诱其他小鱼来吃，只要耐心等待时机，便可饱餐一顿。

有趣的是，鮟鱇鱼自己并不能产生发光物质，它那肉质的"钓饵"器官中生存着许多微小的发光细菌，鮟鱇鱼给细菌提供充足的养料和舒适的"住所"，同时也依靠它们发出的光引诱好奇的小鱼、小虾前来，从而达到捕食的目的。在幽幽深海中，鮟鱇鱼就这样挑着一盏灯笼，轻轻松松就填饱了自己的肚子。

● 鮟鱇鱼

生物发光用来抵御天敌

生物发光还是许多动物抵御天敌的首选方式。例如，在章鱼的食谱中，行动缓慢的水母是美味的点心。但水母却不想束手就擒，它会想办法逃避天敌的捕食。

一种名为维多利亚多管的水母，在感受到捕食者靠近时就会发出绿色荧光。经过科学家研究发现，这一举动不是为了给捕食者照亮前方的路，而是为了吸引比当前捕食者更强大、更高级的捕食者前来捕食当前的捕食者，令当前的捕食者望而却步，维多利亚多管水母从而得以保全性命，脱离险境。海洋中大多数发光生物发出的光是蓝色的，也许是觉得蓝色太过普通，不够显眼，维多利亚多管水母就将其转化为绿色，在一片黑暗中，这不一样的色彩更具吸引力。不得不说，这一逃生策略是赌上性命的大冒险，但是却十分有效。

生活在深海的阿托拉水母，别名为礁环冠水母，分布在菲律宾海、安达曼海、日本北海道至本州中部一带的深水海域。与许多深海动物一样，